ALTE PUMPWERKE IN BERLIN

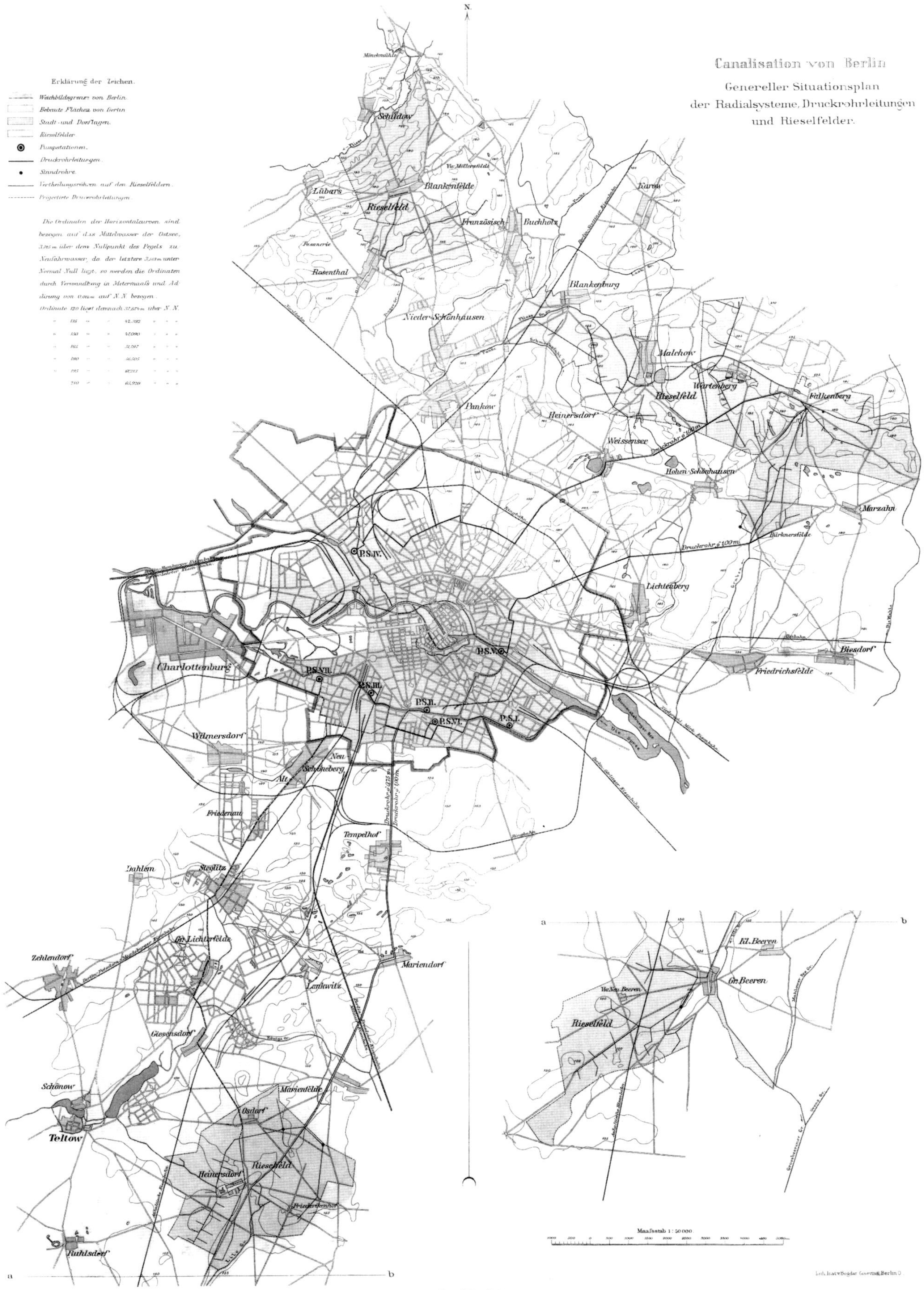

Ernst & Korn Berlin

Lith. Inst. v. Bogdan Gisevius Berlin

ALTE PUMPWERKE IN BERLIN

FOTOGRAFIERT VON MECHTHILD WILHELMI
TEXTE GÜNTHER KÜHNE · GÜNTHER RUDOLF

NICOLAISCHE VERLAGSBUCHHANDLUNG

Das Buch entstand mit freundlicher Unterstützung
der Berliner Entwässerungswerke

Layout: Nicolaische Verlagsbuchhandlung
in Zusammenarbeit mit der Dorland Werbeagentur, Berlin

Satz: Nagel Fototype, Berlin
Offsetlithos: O.R.T. Kirchner + Graser GmbH, Berlin
Druck: Passavia GmbH, Passau
Einband: Lüderitz & Bauer GmbH, Berlin
Printed in Germany
ISBN 3-87584-196-4

STADTHYGIENE UND BAUKUNST

Ich verlange von einer Stadt,
in der ich leben soll:
Asphalt, Straßenspülung, Haustorschlüssel,
Luftheizung, Warmwasserleitung.
Gemütlich bin ich selber.

Karl Kraus (1874–1936)

Von der Hausentwässerung, der Beseitigung des nicht gerade angenehm duftenden häuslichen Abwassers, hat der scharfzüngige und präzise Sprachformen schätzende Wiener Literat und Kritiker nicht gesprochen. Zumindest nicht ausdrücklich. Der Grund dafür mag offen bleiben; womöglich, weil diese in seiner Jugendzeit schon technisch verwirklicht wurde. Wenigstens in den Großstädten – dafür kann der an der Spitze seiner Forderungen stehende Asphalt als Indiz stehen. Karl Kraus galt (gilt noch ?) vielen als typische Verkörperung des »Asphalt-Literaten«, eines Typs, der vielen seiner Kritiker überaus verhaßt gewesen ist. Vermutlich aber war ihm das funktionierende WC so selbstverständlich, daß er davon zu sprechen und zu schreiben gar nicht mehr für notwendig hielt. Sicherlich hat er nicht einmal gewußt, daß das Berliner Abwasserpumpwerk II ausgerechnet in der nach seinem Geburtsort benannten Gitschiner Straße errichtet worden ist. Die indes ihren Namen bestimmt nicht seinetwegen erhalten hat, sondern nach einem für die Österreicher unglücklichen Gefecht im sogenannten »Deutschen Krieg« von 1866. Aber wer will das heute noch wissen ?

Das Abwasser ist gewiß keine ästhetische Sache; man spricht nicht gern von ihm und der komplizierten Technik, die zu seiner Beseitigung für die Bequemlichkeit der Großstadtbewohner erforderlich ist. Literarischen Ruhm hat es nicht errungen; schon eher Filmruhm – man erinnere sich: an Andrzej Wajdas frühes Meisterwerk »Der Kanal« von 1957, das im Abwassersystem Warschaus während des Aufstandes spielt, an den »Dritten Mann«, den Spionagefilm von 1949, in dem Orson Welles im Labyrinth der Wiener Abwasserkanäle agiert. Dessen Filmmusik ist zu einer Art Kanalisationshymne geworden. Solchen Ruhm haben die Berliner Anlagen bisher nicht erreicht – auch wenn ihre Zerstörung 1945 und die unglaublich schnelle Wiederherstellung in den Nachkriegsjahren eine würdigende Darstellung schon verdienten.

Pumpwerke sind bisher nicht als architektonisches Thema behandelt worden. Nicht einmal in den letzten Jahren, in denen einige – besonders jüngere – Historiker, auch Bauhistoriker, die Bedeutung der Alltagskultur entdeckt und den Quellenwert ihrer übriggebliebenen Zeugnisse erkannt haben. Trotz aller Hinwendung zur Industriekultur als wesentlichem Bestandteil der modernen Zivilisationsgeschichte ist das Thema Abwasser ziemlich stiefmütterlich behandelt worden. In einer Studie, in der jüngst die zum Thema gehörende Literatur zusammengestellt wurde, heißt es lapidar zu einer Architekturzeitschrift: ». . . von 1925–1972 durchgesehen – unbedeutend.« Und das in einem Katalog, der Hunderte Beiträge aus technisch-wissenschaftlichen Zeitschriften und zahlreiche Buchveröffentlichungen nennt.

Das hat viele Gründe. Ein großer Teil der Pumpwerk-Hochbauten ist in den Anfangsjahren der Kanalisation entstanden. Ihre Ausführung blieb meist Bauingenieuren überlassen, denen architektonischer Ehrgeiz ziemlich fremd war. Zudem stehen die Bauten meist nicht an repräsentativen Stellen der Stadt, sondern irgendwo, für die Öffentlichkeit unzugänglich, auf Industrieflächen, in der Nachbarschaft der Flüsse und Kanäle. Man konnte also im Wortsinn kaum Staat mit ihnen machen. Im übrigen gilt das auch für viele Trinkwasser-Pumpwerke, deren Lage ebenfalls nicht willkürlich gewählt, sondern von strengen Bedingungen abhängig ist. Leichter sind meist die Standortvoraussetzungen für andere Versorgungsbetriebe zu erfüllen. Für Gaswerke etwa, für die zwar die Zuführung der Brennstoffe bedeutungsvoll ist und deren große Behälter im Stadtbild nicht zu übersehen sind. Oder für Elektrizitätswerke, die außer der Brennstoffversorgung auch den Kühlwasserablauf berücksichtigen müssen. Elektrizitätswerke und ihre Netzstationen sind in den zwanziger Jahren mächtig ausgebaut worden; die Bauherren sind sich dabei der Bedeutung ihrer Betriebsgebäude im Stadtbild bewußt gewesen und konnten sich leisten, angesehene Architekten mit ihren Aufgaben zu betrauen, etwa Walter Klingenberg und Werner Issel, aber auch Hans Müller. Es zeigt sich, daß die Arbeiten dieser und anderer Industrie-Architekten auf die Erweiterungs- und Neubauten der Entwässerungswerke in den zwanziger Jahren nicht ohne Einfluß geblieben sind. Trotz aller Sachlichkeit sind diesen Bauten gewisse repräsentative Wirkungen nicht abzusprechen; ein Gesichtspunkt, der dann bei den Neubauten nach dem Zweiten Weltkrieg so gut wie keine Rolle mehr gespielt hat. Hier haben neue Techniken andere Lösungen gebracht, die den größeren Teil der Bauwerke im Boden verschwinden ließen: Bescheidene Zurückhaltung nach außen ist das äußere Kennzeichen dieser technisch so komplizierten wie interessanten Bauwerke geworden. Darüber wird noch zu sprechen sein.

Das seit mehr als hundert Jahren so hervorragend funktionierende Entwässerungssystem, das die durch die Entwicklung Berlins von der Residenzstadt zur Millionenmetropole erforderliche kontinuierliche Erweiterung mühelos bewältigt hat, ist im wesentlichen drei Männern zu verdanken: Den Ingenieuren Friedrich Eduard Salomon Wiebe (1804–1892) und James Hobrecht (1825–1903) sowie dem vielseitigen Arzt Rudolf Ludwig Karl Virchow (1821–1902), der nicht nur als Mediziner, sondern auch als Politiker folgenreich gewirkt hat. Er hat vierzig Jahre lang als freisinniger Politiker der Berliner Stadtverordnetenversammlung angehört, ist preußischer Landtagsabgeordneter, schließlich Mitglied des Reichstags (während des sogenannten »Kulturkampfes« nicht gerade zur Freude des Reichskanzlers Bismarck) gewesen und hat als Wissenschaftler nebenher auch die heute noch sehr lebendige »Berliner Gesellschaft für Anthropologie, Ethnologie und Urgeschichte« gegründet und den Troja-Ausgräber Heinrich Schliemann gefördert. Dieser Universalist Rudolf Virchow war die politisch treibende Kraft des so bedeutungsvollen Vorhabens der städtischen Kanalisation; er hat damit der Stadt einen wirksamen und dauernden hygienisch-technischen Fortschritt gebracht, der damals in Deutschland noch ohne Beispiel gewesen ist.

Das erste Berliner Wasserwerk, das die unhygienischen Einzelbrunnen ersetzte, wurde in den Jahren 1854–56 von einer englischen Aktiengesellschaft vor dem Stralauer Tor erbaut und in Betrieb genommen. Jahre zuvor schon wurde in Fachkreisen auf den notwendigen Zusammenhang von Wasserversorgung und Abwasserbeseitigung hingewiesen, so vom Geheimen Oberbaurat Dr. Crelle (1842) und auch vom Oberbaurat Friedrich August Stüler, speziell bezogen auf die neue Bebauung des Köpenicker Feldes und des Geländes der Pulvermühlen im heutigen Moabit. Doch noch ohne Erfolg.

Dabei waren die Verhältnisse alles andere als erfreulich. »Die Berliner Rinnen stinken« war zu jener Zeit ein gängiges Wort, das beim ortsüblichen schnellen Sprechen geradezu als Beleidigung klang. Höflich war man nicht. Tatsächlich lief das Abwasser aus den Häusern zusammen mit dem Regenwasser durch offene Rinnsteine ab, die etwa einen halben Meter breit und meist ebenso tief waren. An den Hauseingängen zeigen zeitgenössische Darstellungen, wie etwa die Bilder von Eduard Gärtner, einfache Bohlenüberdeckungen. Menschliche und tierische »Abgänge« wurden auf den Grundstücken in Dunggruben gesammelt und in regelmäßigen Abständen abgefahren, was zu kaum zu ertragenden Geruchsbelästigungen geführt hat.

In »Henkes Zeitschrift für Staatsarzneikunde« schrieb der Oberarzt Dr. Fr. J. Behrend im Jahre 1860 folgende Sätze: »Das Ausleeren der Latrinen oder Abtrittsgruben, der Mist- und Müllkuten und das Ausfahren des Unrates aus denselben, wie es jetzt in Berlin geschieht, ist ganz entsetzlich. In der

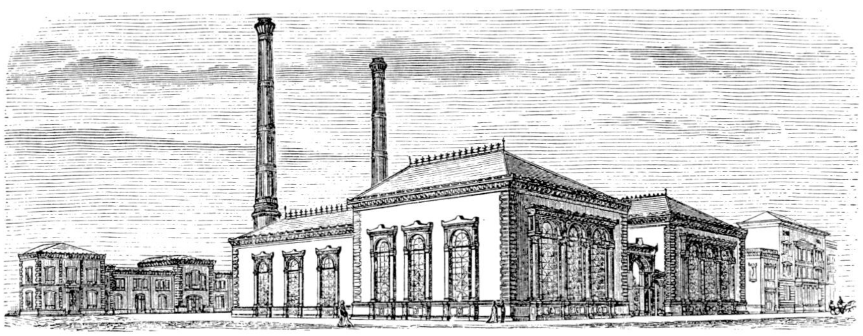

Perspektivische Ansicht der ursprünglichen Planung zum Pumpwerk des Radialsystems III

Nacht, in der die Prozedur in einem Hause stattfindet, müssen alle Türen der bewohnten Räume dicht geschlossen werden. Der Gestank, der sich verbreitet, ist aber so stark, daß er dennoch eindringt, die Nasen reizt und nicht selten Übelkeit und Erbrechen erregt, und wer während der Zeit aus dem Hause zu entrinnen vermag, der flüchtet und quartiert sich anderswo ein . . . Erst zehn, ja bisweilen erst zwanzig Stunden nach Ausräumung und Ausführung der Gruben ist der Gestank aus dem Gebäude verschwunden, und während dieser Zeit sind die Bewohner genötigt, die mit giftigen Gasen geschwängerte Luft zu atmen. Die dahinziehenden Wagen, die den Unrat zu den Toren hinausbringen, verpesten die Straßen, und fast allnächtlich begegnet man bald in dieser, bald in jener Gegend dergleichen . . .«

Schon in einer im Jahre 1857 im Verlag der Deckerschen Geheimen Ober-Hofbuchdruckerei anonym erschienenen Schrift »Die Wasserversorgung Berlins und die neuen Wasserwerke in ihrer Bedeutung für die Häuslichkeit und das Familienwohl« wird beredt Klage darüber geführt, »daß die Stadt keine Abzugskanäle zur Entfernung der schmutzigen Flüssigkeiten besitzt. Diese werden in die Gosse getragen und von dem Erdboden aufgesaugt, der ihnen jedoch nur den nicht auf der Oberfläche zurückgebliebenen Theil ihrer mechanischen Unreinigkeiten zu entziehen vermag, während sie mit all ihrem löslichen Inhalte zu den nahe gelegenen Brunnen durchsickern, um von hier aus wieder an das Licht gepumpt zu werden und denselben ekelhaften Kreislauf einer doppelten und, wie gesagt, stets sich mehrenden Verunreinigung des Bodens sowohl als des Wassers von Neuem zu beginnen.« Der Hinweis gilt den Höfen: »Denn in diesen oft sehr engen und schmutzigen Räumlichkeiten befindet sich der sogenannte Brunnenkessel in einer nur geringen Entfernung von der Düngergrube, die ihm von dem Überflusse ihrer faulenden, giftigen und abscheuerregenden Flüssigkeiten unaufhörlich zuführte, was nur durch den widerstandslosen Boden zu sickern vermag. Und solch' ein Wasser wird von dem größeren Theile der Bevölkerung für trinkbar gehalten und ohne Ekel und Besorgniß zur Bereitung der Speisen benutzt. . .«

Genug dieser dramatischen Schilderungen. In demselben Jahr 1860, in dem Behrends Artikel in einer wissenschaftlichen Zeitschrift veröffentlicht worden ist, beauftragte der Minister für Handel, Gewerbe und Öffentliche Arbeiten, August Freiherr von der Heydt – ein aus Elberfeld stammender Bankier, der sich in eben diesem Jahr von Hermann Ende seine Villa am Landwehr-

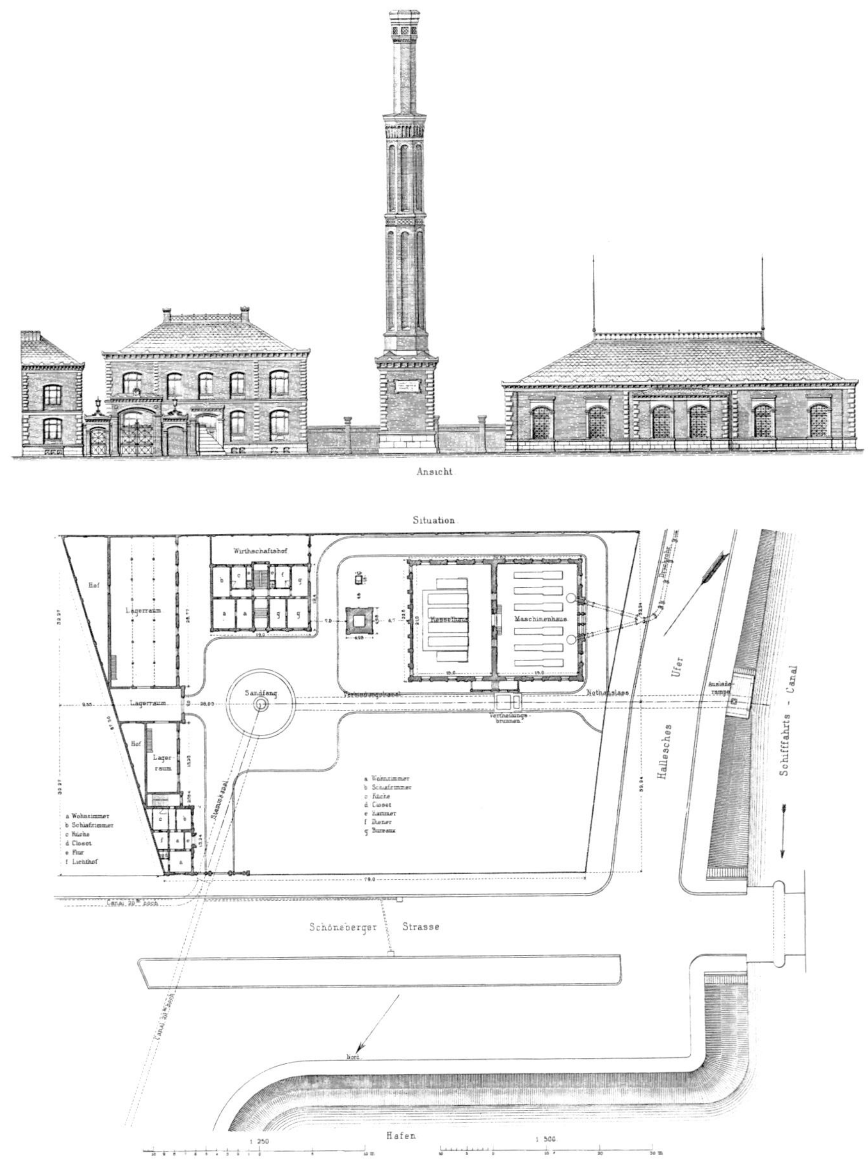

Pumpwerk des Radialsystems III, Ansicht und Grundriß

kanal erbauen ließ, die heute aus einer Kriegsruine zum Sitz des Präsidenten der Stiftung Preußischer Kulturbesitz geworden ist –, den Geheimen Baurat Friedrich Wiebe mit der Aufstellung eines Planes für eine Entwässerungsanlage, die endlich Abhilfe schaffen sollte. Auf einer Studienreise, die ihn unter Begleitung von James Hobrecht, der zu jener Zeit im Auftrage des Polizeipräsidenten mit der Aufstellung eines Berliner Bebauungsplanes beschäftigt war, und dem Zivilingenieur Veitmeyer nach Hamburg, Paris, London und anderen englischen Städten führte, sammelte Wiebe das Material zu seinem Plan. Diese Mitbeauftragung Hobrechts ist später von Werner Hegemann in seinem berühmten Buch »Das Steinerne Berlin« (1930) heftig kritisiert worden: »Wenn man sich erkundigt, auf Grund welcher fachlichen Leistungen der dreiunddreißigjährige Baubeamte James Hobrecht vom Polizei-Präsidium mit der unendlich folgenschweren Aufstellung des Berliner Bebauungsplanes betraut wurde, so findet man bezeichnenderweise, daß er sich vorher und nachher ausschließlich durch Kanalisationsarbeiten ausgezeichnet hat.« Hegemanns Kritik ist in bezug auf den Bebauungsplan sicher berechtigt gewesen, doch läßt sein hartes Urteil erkennen, daß er die Bedeutung der Kanalisation für die Stadt zumindest stark unterschätzt hat.

Wiebes 1861 vorgelegter Plan, der sich am Hamburger und Londoner Vorbild orientierte, sollte, wenn auch in wesentlich verbesserter Ausführung, zur Grundlage aller weiteren Planungen werden. Seine Kennzeichen sind, stark vereinfacht dargestellt, zwei große unterirdische Sammelkanäle zur Aufnahme des Abwassers nördlich und südlich der Spree, die westlich des heutigen Moabit zusammengefaßt und etwa an der Kreuzung des Spreelaufes mit der Berlin-Hamburger Eisenbahn in die Spree münden sollten. Das Projekt wurde, obwohl kontrovers diskutiert, der Stadtverordnetenversammlung im Mai 1866 – also nach fünf Jahren! – zur Beschlußfassung vorgelegt, jedoch nicht angenommen. Die zahlreichen Fragen, vom Beschlußgremium in einem Katalog übersichtlich zusammengefaßt, führten im Februar 1867 – inzwischen hatte der sogenannte »Deutsche Krieg« stattgefunden, dessen Ergebnis der Norddeutsche Bund war – zur Konstituierung einer Deputation, die unter dem Vorsitz Dr. Rudolf Virchows einen ausführlichen Generalbericht erarbeitete, der 1872 vorgelegt wurde. Inzwischen hatte wieder – solche Entscheidungen wurden schneller gefällt als die für die Stadt lebenswichtigen! – ein Krieg stattgefunden, aus dem 1871 das Bismarcksche Deutsche Reich entstanden ist.

Virchows Generalbericht fügte nun James Hobrecht seinen Plan bei, der – nach dem Vorbild der Danziger Entwässerungspläne – statt der zum Spreelauf parallel geführten Sammelkanäle, die das Abwasser schließlich doch der Spree zwischen Charlottenburg und Spandau zuführen sollten, Radialsysteme vorsah: In zwölf unabhängig voneinander angelegten Einzugsgebieten führen die Kanäle, nördlich und südlich der Spree oder des Landwehrkanals, zu den Pumpwerken, um von ihnen über Druckrohrleitungen den Rieselfeldern weit draußen im märkischen Ackerland zugeleitet und dort verrieselt zu werden. Diese mit Dampfkraft betriebenen Pumpwerke waren zur Überwindung des Höhenunterschiedes sowie des Widerstandes auf dem Transportweg erforderlich. Die Unabhängigkeit der von Hobrecht so genannten zwölf Radialsysteme verminderte nicht nur deren Störanfälligkeit, sondern verhinderte auch die Belastung der Fluß- und Kanalläufe mit Schmutzwasser.

Das war das Ei des Kolumbus.

Die Kanäle begannen im Stadtzentrum, wo eine wesentliche Bebauungsverdichtung nicht mehr angenommen wurde. Sie führten durch – zunächst – noch geringer bebaute Gebiete zu den Pumpwerken. Daß trotz einer spürbaren Bebauungsverdichtung im Laufe der Jahrzehnte, als Folge der stürmischen Citybildung, Hobrechts Radialsystem diese Aufgabe mühelos erfüllen konnte, spricht für die technische Weitsicht seines Schöpfers. Dieses System konnte also mit der weiteren Bebauungsentwicklung der Stadt wachsen und hat seine Vorzüge auch in unserem Jahrhundert immer wieder bewiesen.

Hobrechts Gedanke hat sich somit als tragfähig für länger als ein Jahrhundert herausgestellt. Anders als sein für die Stadt im Auftrage des Polizeipräsidenten aufgestellter Bebauungsplan von 1859/62, der Berlin zur »größten Mietkasernenstadt der Welt« (Werner Hegemann) gemacht und von dem der Stadtbauhistoriker Alfred Schinz geschrieben hat: »Daß dieser Plan bis zum Jahre 1919, in dem Berlin eine Einwohnerzahl von fast 2000000 erreicht hatte, . . . gelten konnte, war nur dem Umstand zu verdanken, daß man mit ihm ein phantastisches Geschäft machen konnte.« Daß aber Hobrecht mit seinem Generalbebauungsplan – kritiklos – die einige Jahrzehnte zuvor un-

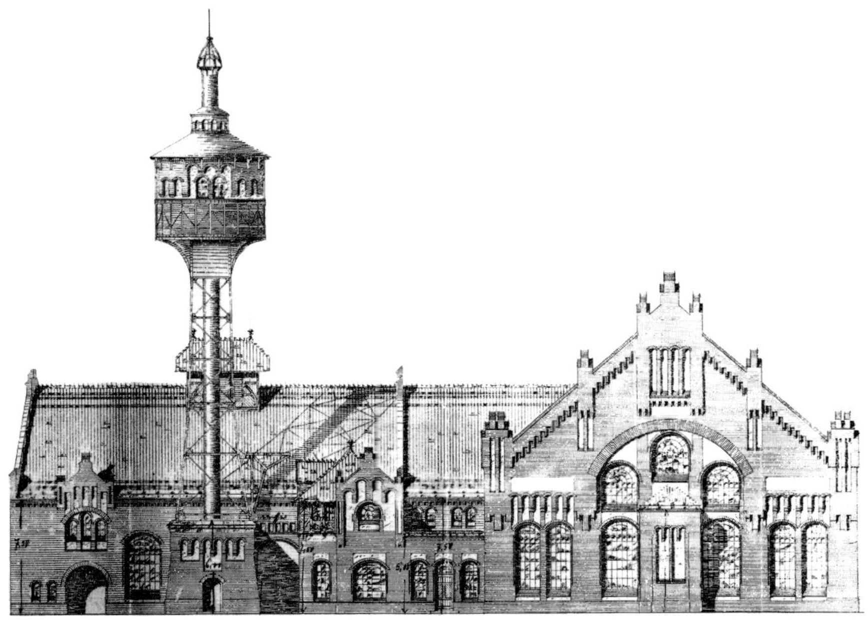

Pumpwerk der Kanalisation von Wilmersdorf

ter ganz anderen Bedingungen entstandene Planung Peter Josef Lennés nur fortgeschrieben hat, entlastet ihn nicht. Der Techniker James Hobrecht, der stadthygienisch so segensreich gewirkt hat, konnte indes den wohnungspolitisch folgenschweren Fehler seines Bebauungsplanes nie einsehen.

Daß aber die Rieselfelderwirtschaft – auch in einer bevorzugten geographischen Lage, wie sie Berlin mit seinem weiten Umland besitzt – eines Tages an Grenzen stoßen mußte, wurde von Fachleuten schon vor sechzig Jahren erkannt: »Das zwingende Bedürfnis wird aber gewiß die Mittel und Wege finden lassen, daß auch für das zukünftige Groß-Berlin eine dem geologischen Charakter seiner Umgebung angepaßte einwandfreie Lösung der Stadtentwässerung, welche der bisherigen, in fünfzigjährigem Betriebe erprobten Rieselfelderwirtschaft ebenbürtig zu Seite gestellt werden kann, erzielt wird.« So zu lesen im 1928 erschienenen Jubiläumsband »Fünfzig Jahre Berliner Stadtentwässerung«. Der Verfasser war Magistratsoberbaurat Gustav Petri. Seine Prognose ist eingetroffen, die Rieselfelderwirtschaft wird in steigendem Maße durch Klärwerke ersetzt. Gegenwärtig werden schon mehr als zwei Drittel des in West-Berlin anfallenden Abwassers in eigenen Anlagen geklärt, der Rest wird nach wie vor in das alte Umland gepumpt, also nach Ost-Berlin und in die DDR. Später wird sich die Menge des in West-Berlin geklärten Abwassers auf 70–80 Prozent erhöhen.

Die alten Pumpwerke werden nun zu Denkmälern, Technischen Denkmälern der Stadtentwicklung. Noch vor wenig mehr als einem Jahrzehnt hat man mit ihnen kurzen Prozeß gemacht: Die Abbruchbirne hat unterschiedslos zugeschlagen. Anfang der siebziger Jahre hat die Kahlschlagmentalität die Praxis der Stadtsanierung völlig beherrscht. Erst die Tätigkeit so unbequemer Leute wie Hardt-Waltherr Hämer, zuerst im Wedding und dann – in größerem Maßstab – in Kreuzberg, hat im Zusammenwirken mit Bürgerinitiativen unterschiedlichster Art das Verständnis für die Erhaltenswürdigkeit der »alten Stadt« gefördert. Für das Europäische Denkmalschutzjahr 1975 wurde bemerkenswerterweise auch Berlin (West) als Beispielstadt benannt; die in Kreuzberg zu jener Zeit gerade begonnenen erhaltenden Sanierungsarbeiten sollten die Umkehr von den bisherigen Praktiken der Sanierungspolitik darstellen.

Der Umgang mit Technischen Denkmälern, sowohl der Industrie- als auch der Versorgungsbauten, ist schwieriger als der mit Wohnbauten; abgesehen gar von den das Stadtbild beherrschenden Repräsentationsbauten. Bei ihnen wird immer noch allzusehr allein auf den betriebswirtschaftlichen Nutzen gesehen; für sie hat sich das leicht mißzuverstehende Wort »Zweckbauten« eingebürgert – als ob es überhaupt »zwecklose« Bauten geben könnte: Auch ein Schloß, das repräsentieren soll, erfüllt seinen Zweck. Technische und Industriebauten allerdings sind nur selten mit vergleichbarem Anspruch errichtet worden, allenfalls hat man ihnen schmückende Zutaten als Applikationen angeklebt.

Für sie kennt der Sprachgebrauch die abwertende Kennzeichnung »nüchtern«, sie gelten daher in den Augen vieler Zeitgenossen, nicht unbeeinflußt von einer heute verbreiteten Tendenz, als Wegwerfware. Dabei sind sie ihrem Wesen nach wichtige Zeugnisse – Dokumente – unserer technischen, wirtschaftlichen, sozialen und sozialhygienischen Entwicklung, der wir uns nicht zu schämen brauchen. Auf sie zu verzichten ist genauso unmöglich wie auf schriftliche Dokumente, wenn wir nicht in dunkle Geschichtslosigkeit verfallen wollen. Für ur- und frühgeschichtliche Zeiten sind die Überreste ihrer dinglichen – materiellen – Kultur meist ihre einzigen Zeugnisse; sie sind heute hochgeschätzt. Auch wir dürfen uns daher nicht leisten, mit den vielleicht nicht immer ansehnlichen Überbleibseln unserer jüngsten materiellen Vergangenheit, unter Einschluß der Arbeitswelt, leichtfertig umzugehen. Dazu gehören nicht nur die Industriebauten, unter denen es gewiß auch die sogenannten Fabrikschlösser im rheinisch-westfälischen Revier gibt oder so weltberühmte Bauten wie Peter Behrens' Turbinenhalle in Moabit und Walter Gropius' Schuhleistenfabrik in Alfeld an der Leine, sondern auch die bescheidenen Verkehrs- und Versorgungsbauten, die bisher – nach der Devise »Ex und hopp« – oft genug stiefmütterlich behandelt worden sind.

Um ein Beispiel nur zu nennen: Noch 1973 wurde das in den Jahren 1910 bis 1911 vom Charlottenburger Stadtbauinspektor Schmidt und dem Stadtbaurat August Bredtschneider erbaute Pumpwerk am Spandauer Damm, ein maßstäblich und in seiner stadtlandschaftlichen Einordnung wohlgelungener Fachwerkbau mit hohem Walmdach, abgebrochen, ohne daß sich nur eine Stimme dagegen erhoben hätte. Damals war die Öffentlichkeit längst noch nicht so aufmerksam oder gar kritisch, wie sie es nur wenige Jahre später durch gezielte Aufklärungsarbeit geworden ist, erleichtert durch die Popularität des Europäischen Denkmalschutzjahres 1975.

Einen ersten Anstoß zum Umdenken gab 1972 die bevorstehende Stilllegung des zum Radialsystem III gehörenden alten Abwasserpumpwerks an der Schöneberger Straße, unmittelbar am Landwehrkanal unweit des ehemaligen Anhalter Bahnhofs gelegen. Die 1873–76 (die Jahreszahlen kann man auf der am Schornstein angebrachten Tafel lesen) erbaute Anlage war

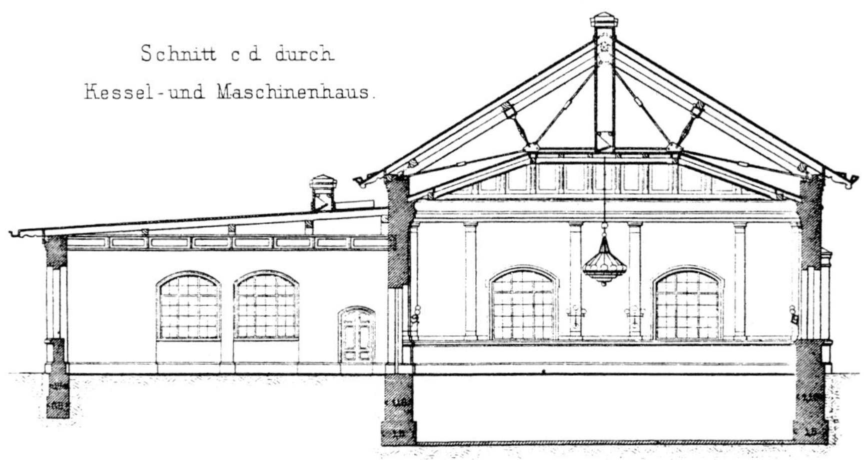

Pumpwerk des Radialsystems V, Holzmarktstraße, Schnitte durch das Maschinenhaus

die erste nach dem Hobrechtschen Plan. Das System III begann im Stadtinnern (heute Ost-Berlin) im Norden an der Spree. Seine östliche Grenze lag etwa am Spittelmarkt, es umfaßte die nördliche Friedrichstadt, das Tiergartenviertel und erhielt am Landwehrkanal das Pumpwerk, dem die Aufgabe zukam, das gesammelte Abwasser stadtauswärts zu pumpen und den im Süden gelegenen Rieselfeldern bei Großbeeren zuzuführen. Die Anlage dieses Pumpwerks war ursprünglich doppelt so groß geplant, wie in der Veröffentlichung des Projektes in der ersten Ausgabe des Werkes »Berlin und seine Bauten« von 1877 noch zu sehen ist: Zwei spiegelbildlich gleiche Gruppen mit je einem quadratischen Maschinenhaus und etwas schmalerem Kesselhaus waren zunächst vorgesehen, von denen nur eine errichtet worden ist. Der ausgeführte Bau wich auch insofern von dem ersten Projekt ab, als das Kesselhaus die gleiche Breite wie das Maschinenhaus erhielt und der Schornstein axial zugeordnet wurde, statt der ursprünglich vorgesehenen, seitlich verschobenen Lage. Anstelle der zweiten Anlage ist dann an der Schöneberger Straße ein Feuerwehrdepot gebaut worden, das im Zweiten Weltkrieg zerstört wurde. Heute steht dort ein gesichtsloser Gartenamtsbau im Stile der Nachkriegsjahre. Für dieses erste der Berliner Pumpwerke wurde 1969–72 ein funktioneller Neubau errichtet, der am 27. September 1972 in Betrieb genommen wurde.

Am gleichen Tage wurde das alte Pumpwerk stillgelegt. Sein Schicksal war noch ungewiß. Um dem drohenden Abbruch zuvorzukommen, wurde die Öffentlichkeit angesprochen. Schließlich ging es bei diesem Bau um ein Dokument besonderer Art: er war das erste Beispiel für den Beginn der Berliner Stadtkanalisation und bezog zumindest daher seinen hohen Zeugniswert. Überdies war er in bautechnisch einwandfreiem Zustand. Drei Tage vor der

Das ehemalige Pumpwerk des Radialsystems III, heute Lapidarium des Landeskonservators

Stillegung habe ich im »Tagesspiegel« auf diesen Bau hingewiesen: »Schornstein, Kessel- und Maschinenhaus sollten unter Schutz gestellt werden; sie gehören zu den wenigen noch erhaltenen Zeugnissen aus dieser frühen Zeit des Berliner Industrie- und Versorgungsbaus.« Zu jenem Zeitpunkt genoß außer der Moabiter Turbinenhalle von Peter Behrens, zwei Siemensbauten von Hans Hertlein und der Weddinger Feuerwache kein weiterer Industriebau Denkmalschutz.

Ende November 1972 war es dann so weit: Kurz vor seinem Ausscheiden aus dem Amt kündigte Bausenator Rolf Schwedler, der beruflichen Herkunft nach selber Bauingenieur, an, daß er diesen Bau unverzüglich unter Schutz stellen werde. Damit war ein Signal gegeben für die ernsthafte Beachtung der Technischen Baudenkmäler in Berlin, insbesondere auch der Versorgungsbauten. (Für die Stadtentwässerung hat sich merkwürdigerweise der beschönigende Begriff »Entsorgung« eingeführt). Inzwischen hat der Landeskonservator den Bau vorbildlich restauriert, dabei den entstellenden Anbau von 1926 entfernt, der die Front zum Landwehrkanal verfälscht hatte und in keinem guten Verhältnis zum ursprünglichen Backsteinbau stand. Die Räume, in der eine der Maschinen erhalten bleiben konnte und noch vom ursprünglichen Zweck des Bauwerks zeugt, dienen seit 1977 dem Landeskonservator als Lapidarium, als Restaurierungswerkstatt für die zahlreichen freistehenden Standbilder der Stadt, die der schleichenden Zerstörung ausgesetzt sind. Hier warten die Figuren der früheren Siegesallee Wilhelms II. auf erneute Verwendung (etwa nach Artikel 131 des Grundgesetzes, wie Spötter anmerken), hier waren auch vorübergehend die acht Standbilder der Schinkelschen Schloßbrücke aufbewahrt, bevor sie 1981 den Ost-Berliner Behörden zur Wiederaufstellung übergeben wurden. Zuweilen werden die Räume, unter Einbeziehung des Kellergeschosses, auch für Planungs- und Wettbewerbsausstellungen benutzt. Auch wenn von der Schließung des Pumpwerks bis zu seiner neuen Verwendung fünf Jahre ins Land gegangen sind, ist es nicht immer so einfach wie in diesem Fall, unproblematisch eine brauchbare Lösung für die Weiternutzung eines solchen Bauwerks zu finden; zumal die Pumpwerke oft nicht gerade verkehrsgünstig liegen und für öffentliche Nutzungen daher nur selten geeignet sind. Man muß aber auch einsehen, daß nicht alle technischen Bauwerke brauchbar sind, als Denkmäler erhalten oder mit Hilfe einer neuen Nutzung gerettet zu werden.

Hier ist eine Bemerkung zu den unterschiedlichen technischen Systemen der Berliner Stadtentwässerung angebracht. Hobrecht hat seinem Plan das Mischsystem zugrundegelegt, bei dem sowohl das Hausabwasser und das Regenwasser der Straßen sowie das von den Dächern abgeleitete in einem einzigen Kanal den Pumpwerken zugeführt werden. Außer in der alten Kernstadt (in den Grenzen bis 1920) wird dieses System auch in Charlottenburg, Schöneberg, Friedenau sowie in den Stadtkernen von Neukölln und Spandau und in Teilen von Wilmersdorf angewendet. Alle übrigen Teile der Stadt – mit Ausnahme von Lübars, Gatow, Kladow, Glienicke und Teilen von Heiligensee und Konradshöhe, die noch nicht an die Sammelkanalisation angeschlossen sind – werden nach dem Trennsystem entwässert: Schmutz- und Regenwasser werden getrennt abgeleitet. Dabei wird das Schmutzwasser den Pumpwerken zugeführt, die es zu den Klärwerken oder Rieselfeldern weiterleiten.

Etwa drei Viertel der gesamten kanalisierten Fläche der Stadt werden nach diesem Trennsystem entwässert. Wegen der geringen Besiedlungsdichte in den äußeren Stadtgebieten ist das Trennsystem billiger, weil man auf den vollen Ausbau der Regenwasserableitung zunächst verzichten kann; seine Ableitung zum nächsten Vorfluter (Fluß, Kanal, Teich oder See) ist einfacher. Doch ist zu bedenken, daß die Belastung des abzuleitenden Regenwassers mit Schadstoffen sich in den letzten Jahrzehnten stark erhöht hat – nicht nur durch atmosphärische Einflüsse, sondern auch durch die von den versiegelten Flächen der Straßen und Plätze aufgenommenen Öl- und Benzinreste sowie durch den Abrieb der Autoreifen; im Winter noch verstärkt durch chemische oder mineralische Streumittel. Der Vorteil der Trennkanalisation wird, zumindest in den dichter besiedelten Gebieten der Außenbezirke, in zunehmendem Maße aufgehoben. An die Reinigung der Regenwasserabflüsse sind daher in Zukunft ähnliche Forderungen zu stellen wie an die der Schmutz- oder Mischwasserabflüsse.

Der größte Nachteil der Mischwasserkanalisation liegt in der Bemessung der Kanäle: Bei stärkeren Regenfällen müssen diese Kanäle in verhältnismäßig kurzer Zeit ein Vielfaches der sonst üblichen Mengen ableiten, wenn auch sehr stark verdünnt. Die Kanäle müssen viel größer dimensioniert sein als für den normalen Betrieb erforderlich. Trotzdem gibt es auch hier Grenzen: Erreicht bei plötzlich auftretendem starken Gewitterregen das abfließende Wasser eine bestimmte Höhe, so fließt es über eine Schwelle und gelangt ungereinigt – zwar verdünnt – auf kurzem Weg über sogenannte Notauslässe in das nächste Gewässer (Spree, Landwehrkanal). Das gleiche Verfahren gilt auch für die Pumpwerke, wenn die Pumpen den plötzlich, meist nur kurzfristig, anfallenden Regenwasserstrom nicht mehr bewältigen können. Aus diesem

Grunde sind schon bei der ursprünglichen Planung die Pumpwerke unmittelbar an oder zumindest in größerer Nähe zu den fließenden Gewässern angelegt worden. Am Landwehrkanal gibt es sechs Notauslässe, dazu 63 Mischwasser- und 22 Regenwassereinläufe. Seit einiger Zeit werden besondere Regenbecken gebaut, die das den Pumpwerken zuströmende Wasser aufstauen. Dort kann es sich durch Absetzen der Schmutzstoffe mechanisch reinigen, bevor es abgeleitet wird.

Eine Bemerkung noch zur gegenwärtigen Lage. Die Grenzen der zwölf Hobrechtschen Entwässerungssysteme richten sich logischerweise nach topographischen Gegebenheiten und nicht nach den Grenzen der 1920 gebildeten Verwaltungsbezirke, die nach dem Krieg zum Teil die Grenzen zwischen Ost und West geworden sind; seit 1961 durch die Mauer markiert. Eine entsprechende Trennung hat es bei den Abwassersystemen nicht gegeben. So laufen die Abwasser des heutigen Bezirks Mitte südlich der Spree einschließlich der Schloßinsel nach wie vor über das System III nach Kreuzberg und von dort in die heutige DDR nach Großbeeren oder zu einem der West-Berliner Klärwerke. Andererseits werden die Abwasser großer Teile des Bezirks Wedding zum Pumpwerk IV in der Scharnhorststraße im Bezirk Mitte befördert, während das Pumpwerk X in der Bellermannstraße Abwasser des Bezirks Prenzlauer Berg aufnimmt – von dort geht es weiter zum neuen Klärwerk Nord bei Schönerlinde (DDR) oder zum Klärwerk Ruhleben (West-Berlin). Das klingt zwar kurios, ist aber normal. Es gibt noch andere Stellen im Verlauf der innerstädtischen Grenze, die von den Abwasserleitungen im Wortsinn unterlaufen werden – wenn auch an den Grenzen durch Gatter gesichert: sicher ist sicher.

Siebzig Prozent der Abwasser West-Berlins bleiben zur Zeit in diesem Teil der Stadt. Dreißig Prozent werden nach Ost-Berlin beziehungsweise in die DDR zu den Klärwerken Stahnsdorf, Waßmannsdorf, Schönerlinde und auf die Rieselfelder bei Großbeeren geleitet. Nur die gereinigten Abwasser der Rieselfelder bei Großbeeren fließen nicht auf West-Berliner Gebiet zurück. Durch den Ausbau der Klärwerke Ruhleben und Mariendorf werden sich die genannten Prozentsätze, wie schon erwähnt, verschieben. Die von den im Norden der Stadt liegenden Klärwerken kommenden Abflüsse gelangen über den Nordgraben, das Tegeler Fließ oder die Spree in den Westteil der Stadt zurück und gefährden zum Teil den Tegeler See. Zur biologischen Rettung des Sees wurde in Tegel eine Phosphateliminierungsanlage gebaut, die 1985 in Betrieb gegangen ist. Für die Planung dieser Anlage wurde ein Architektenwettbewerb ausgeschrieben. Der in einem Wettbewerb preisgekrönte Entwurf des Wiener Architekten Gustav Peichl wurde ausgeführt; entstanden ist ein funktioneller Bau, der sich zurückhaltend der empfindlichen Landschaft einfügt.

Die bauliche Gestaltung der Pumpwerke hat in den mehr als hundert Jahren seit der Einführung der Kanalisation in Berlin einen starken Wandel erfahren. Das alte Stadtgebiet liegt ziemlich eben im Spreetal zwischen den schwachen Höhenausläufern des Barnims im Norden und des Teltows im Süden. Um die Abwasser den höher gelegenen Rieselfeldern weit außerhalb der Stadt, später den Kläranlagen, zuzuführen, müssen sie durch Pumpwerke und Druckrohrleitungen gefördert werden. Die Benutzung der nur schwach fließenden Berliner Gewässer als Vorfluter, hauptsächlich der Spree und der Havel, kam aus den schon oben genannten Gründen ohnehin nicht in Frage. Wie schon gesagt, werden diese nur bei plötzlich auftretenden starken Regenfällen über Notauslässe und Überläufe belastet.

Die Baukörper werden von den maschinentechnischen Anlagen und ihren Platzbedürfnissen bestimmt. Die ersten Anlagen wurden mit Kolbenpumpen ausgerüstet, die von Dampfmaschinen angetrieben wurden. Später traten an deren Stelle teilweise Gasmaschinen, seit den zwanziger Jahren wurden zunehmend Elektromotoren oder Dieselmaschinen eingebaut. Die letzte Dampfmaschine arbeitete im Pumpwerk I am Paul-Lincke-Ufer (früher: Kottbusser Ufer) bis zur Stillegung im Jahr 1976. Bedauerlicherweise wurde das Bauwerk dieser alten Pumpstation trotz starker Proteste abgebrochen.

Die ursprünglich ausschließlich verwendeten Kolbenpumpen werden in Einzelfällen noch betrieben. Doch schon seit den zwanziger Jahren traten, in Verbindung mit der Einführung der Elektromotoren, an ihre Stelle Kreiselpumpen, die geringeren Platzbedarf haben und im Laufe der Jahre so verbessert wurden, daß sie heute fast störungsfrei arbeiten. Aus der Reinwasserpumpe wurde eine leistungsfähige Abwasserkreiselpumpe entwickelt, die auch die früher üblichen gefährlichen und unhygienischen Reinigungsarbeiten auf ein Minimum reduziert.

Aus der Veränderung der maschinentechnischen Voraussetzungen ergaben sich neue Möglichkeiten für die bauliche Gestaltung der Pumpenhäuser. Die alten Werke beanspruchten große Flächen, da die Maschinen ebenerdig auf gleichem Niveau angeordnet wurden. Das Wasser mußte angesaugt werden. Die alten Grundrisse zeigen die horizontale Zuordnung von Kessel- und Maschinenhaus. Die neuen Typenbauwerke dagegen sind kompakt angelegt und sehr tief gegründet, so daß Ansauganlagen nicht mehr notwendig sind. Diese Pumpwerke können vollautomatisch betrieben werden, sie werden von den Hauptpumpwerken fernüberwacht.

Die Baukörper dieser neuen Anlagen sind zwei- oder dreischiffig ausgelegt. Die später unterirdisch liegenden, mehrgeschossigen Maschinenräume werden – zeit- und kostensparend – über Terrain betoniert und mit Hilfe eines Druckluft-Gründungsverfahrens abgesenkt. Das erspart auch die schwierige und problematische Grundwasserhaltung. Das Erdgeschoß mit der Maschinenhalle und der Schaltzentrale, Neben- und Sozialräumen wird nach dem Absenken des Pumpenbaukörpers aufbetoniert. Die äußere Gestaltung der Gebäude ist sachlich und unaufdringlich, verschwindet zuweilen in der umgebenden Landschaft. Hier und da sind die Bauten allzu bescheiden geraten – was kein Plädoyer für »postmoderne« Säulen, Rund- oder Spitzbögen sein soll!

Die alten Pumpwerke zeigen das traditionelle Ziegelmauerwerk, wenn auch nicht immer so aufwendig wie beim Pumpwerk III am Landwehrkanal mit seinen Werkstein-Architekturteilen für Eck-, Risalit- und Fenstereinfassungen. Backstein war in jener Zeit das bevorzugte Material für öffentliche Bauten, nicht zuletzt wegen seiner guten technischen und wirtschaftlichen Eigenschaften: Backsteinfassaden behalten ihr Aussehen, werden im Gegensatz zu Putzbauten nie schäbig, sie altern mit Würde und zeigen ihre Patina als ehrliche Altersspuren. Sie erfordern wenig Pflegeaufwand, im Gegensatz zu Putzbauten oder heute üblichen Plattenverkleidungen. Für die auf Sparsamkeit – auch in der Bauunterhaltung! – bedachten preußischen Baubeamten ein wichtiges Kriterium, das heute gern vernachlässigt wird.

Der Mangel an brauchbaren Natursteinen, von den schwer zu bearbeitenden Granitfindlingen abgesehen, hat in der Mark Brandenburg seit dem 12. Jahrhundert den aus Nordwesteuropa von den Mönchen mitgebrachten Backsteinbau gefördert. Schinkel hat ihn zu Beginn des 19. Jahrhunderts wieder belebt. Doch gab es bald, verstärkt in der auf den Deutsch-Französischen Krieg folgenden ersten Gründerzeit, Bestrebungen, prächtigere Bauten zu errichten, als es der Backsteinbau mit seinen strengen Ausdrucksformen zuließ. Meist reichte es dann nur zu einem Verputz der Ziegelbauten, der Naturstein vortäuschen sollte. So auch am 1883–85 erbauten Portal zum Pumpwerk IV an der Urbanstraße. Eingeklemmt zwischen den hohen Nachbarbauten steht da ein neugotisches Doppelportal mit zwei Zinnen, eine Kreuzung aus Kirchenportal und Stadttor, gekrönt von einem etwas pummeligen Bären. Das im rückwärtigen Grundstücksteil gelegene Pumpwerk war ein eingeschossiger, einfacher Backsteinbau mit flachem Satteldach, der die Gliederung in Pumpen- und Maschinenhaus erkennen ließ. Das Pumpwerk wurde zu Beginn der achtziger Jahre stillgelegt und kurze Zeit später abgebrochen. Nur das Portal blieb erhalten.

In Fachkreisen wurde schon damals solche Abwendung vom heimischen Backsteinbau bedauert. Im Sammelband »Berlin und seine Bauten« von 1877 heißt es dazu: »Wenn auch dies in rein architektonischer Hinsicht und als Zeichen gesteigerten Wohlstandes freudig begrüßt werden müßte, so wäre es doch zu beklagen, wenn der Backstein zum Proletarier herabgedrückt, und die Ziegeltechnik, auf welche die Mark Brandenburg von der Natur hingewiesen ist, in ihrer jetzt so glänzenden Entwicklung gehemmt werden sollte.« Töne, an die zu erinnern heute angebracht ist.

Auch das im Blockinnern gelegene Pumpwerk VII an der Genthiner Straße im Bezirk Tiergarten stand zur Disposition, bis es in den vorbereitenden Seminaren zur Internationalen Bauausstellung entdeckt wurde. Dem 1881–85 errichteten ersten Bau lag das gleiche Schema zugrunde wie dem Pumpwerk VI an der Urbanstraße, statt der flach geneigten Satteldächer wurden jedoch Pultdächer aufgesetzt, da die Gebäude an der Grundstücksgrenze lagen und so die Brandmauer bildeten. Der Zugang an der Genthiner Straße war immerhin noch breit genug, um an dieser Stelle einen dreigeschossigen Schulbau mit einem Seitenflügel und zugehörigem Wohnhaus an der Straße, vier Achsen breit, zu errichten. Stadtbaurat Hermann Blankenstein gab dem Bau eine gelbe Backsteinfassade mit maßvollem Terrakottaschmuck an den Fensterbrüstungen und am Hauptgesims. Der Schulbau ist jetzt schön restauriert, aus dem alten Pumpwerk wird mit Hilfe der IBA eine Jugendfreizeitstätte mit kulturellen Einrichtungen. So spiegelt sich eine veränderte Einschätzung älterer Bauten, die sich in den letzten Jahrzehnten durchgesetzt hat: In dem 1955, also vor mehr als dreißig Jahren, erschienenen Inventarband Tiergarten des Sammelwerkes »Die Bauwerke und Kunstdenkmäler von Berlin« ist die Schule nur mit ein paar Zeilen, das Pumpwerk überhaupt nicht erwähnt.

Das 1889–90 erbaute Pumpwerk VIII in Alt-Moabit, dessen Kesselhaus mehrere Male erweitert und umgebaut worden ist – 1927/28 erfolgte die Umstellung auf Elektro- und Dieselantrieb der Pumpen – fand mit seiner interessanten Baugeschichte ebenfalls keine Aufnahme im Inventarband. Das Werk wird für den automatischen und fernüberwachten Betrieb umgebaut und dann dem Hauptpumpwerk Charlottenburg angeschlossen. Den baulichen Arbeiten liegt ein Projekt der Architekten O. M. Ungers und Stefan Schroth zugrunde.

Die wohlhabenden westlichen Randgemeinden Berlins, von denen Charlottenburg schon seit seiner Gründung 1705, Schöneberg seit 1898 und Wilmersdorf seit 1906 Stadtrechte besaßen, bevor sie 1920 der Einheitsgemeinde Groß-Berlin zugeschlagen wurden, legten sich eigene Entwässerungsanlagen zu, die technisch das System der von Hobrecht geschaffenen Berliner Anlagen weiterführten. Das Pumpwerk Wilmersdorf, 1905 – 06 an der Nikolsburger Straße nahe der Bundesallee, der damaligen Kaiserallee, erbaut, präsentiert sich noch heute als prächtiges, architektonisch die Formen der märkischen Backsteinbaukunst aufnehmendes, reich ausgestattetes Bauwerk, das durch seine zehn großen Fenster Einblick in die blitzende Maschinenanlage gestattet. Der Bau wurde mehrmals umgebaut und maschinentechnisch erweitert, die zugehörigen Bauten sind heute größtenteils nicht mehr vorhanden. Die lichte Halle wird in Zukunft zum Technischen Museum der Berliner Entwässerungswerke.

Neukölln, das bis 1912 Rixdorf hieß, erhielt 1899 Stadtrechte. Dem Arbeitervorort, der aus den früheren Dörfern Deutsch- und Böhmisch-Rixdorf ziemlich planlos gewachsen ist, gab erst der begabte, 1913 im Alter von nur 38 Jahren gestorbene Stadtbaurat Reinhold Kiehl ein architektonisches Gesicht. Sicher nicht unbeeinflußt von der Ausstrahlung, die die Bauten des Berliner Stadtbaurats Ludwig Hoffmann ausübten. Von Kiehls Bauten seien das Rathaus, das Krankenhaus, das Elektrizitätswerk und zahlreiche Schulen genannt, dazu das Stadtbad an der Ganghoferstraße. Kiehl arbeitete eng mit dem Technischen Stadtbaurat Hermann Weigand zusammen; er war es auch, der dem 1892–93 in einfachen Formen erbauten Abwasserpumpwerk an der Wildenbruchstraße mit seinem ergänzenden Wohnhaus von 1912 einen ansehnlichen Ausdruck gab. Der fünfgeschossige Bau mit hohem Dach an der Straße enthält im Erdgeschoß Verwaltungs- und Sozialräume, die durch einen Verbindungsbau dem eingeschossigen alten Pumpwerk angeschlossen wurden. So erhielt die Straßenfront – gerade hier ist der Einfluß Hoffmanns deutlich - ein geschlossenes Aussehen. Ein weiterer Anbau von 1926, auf dem rückwärtigen Teil des Grundstücks zur Schandauer Straße gelegen, läßt Einflüsse erkennen, die von Peter Behrens' früheren AEG-Bauten so deutlich auf andere Versorgungsbauten, etwa der Bewag, gewirkt haben: Auf einem Grundstück finden sich hier drei Bauteile, die sowohl technisch als auch architektonisch den Wandel erkennen lassen.

Rechtzeitig bevor der Teltowkanal 1906 eröffnet wurde, erbaute die seit 1872 mit Rixdorf einen Amtsbezirk bildende Gemeinde Britz ihr ansehnliches Pumpwerk an der Späthstraße, unweit des Kanals gelegen. »Für die Berliner Stadtentwässerung«, schreibt Werner Natzschka in seinem 1971 erschienenen Buch »Berlin und seine Wasserstraßen«, »die große Regenwasserkanäle einleitete, wurde der Teltowkanal zur unerläßlichen Voraussetzung des Straßenentwässerungssystems für die südlichen Stadtbezirke.« Gleichzeitig mit ihm wurde übrigens auch der Neuköllner Schiffahrtskanal angelegt, der den alten Wiesengraben als Vorfluter ersetzte – was auch für das Neuköllner Hauptpumpwerk an der Wildenbruchstraße von Bedeutung war. Das Britzer Pumpwerk gedieh zu einem repräsentativen Bau mit Lang- und Querschiff, an den Giebelwänden mit Lisenen und Rosetten verziert. Die romantische Einfassung des Grundstücks erinnert an die Kirchhofsmauern mittelmärkischer Dorfkirchen, überhöht noch durch ein mächtiges Portal. Das Werk wurde maschinentechnisch dreimal umgebaut und 1981 stillgelegt.

Das alte Lichtenrader Pumpwerk an der heutigen John-Locke-Straße, 1922 erbaut, wurde 1929 stillgelegt und durch eine neue Anlage ersetzt. 1976–79 folgte ein vollständiger Neubau, im Anschluß daran wurde die alte Anlage außer Betrieb gesetzt. Der zweigeschossige, kräftig gegliederte Pfeilerbau mit hohem Walmdach entspricht in seinem architektonischen Ausdruck den technischen Versorgungsbauten, wie sie in den zwanziger Jahren auch für andere Betriebszweige entstanden sind.

Die Bilder auf den folgenden Seiten vermitteln einen Eindruck von der Entwicklung der Berliner Abwasserpumpwerke in mehr als hundert Jahren. Sie können nur einen Ausschnitt bieten aus der Fülle der zahlreichen Bauten in allen Teilen der Stadt, lassen aber deutlich erkennen, daß trotz der bewußten formalen Zurückhaltung ihrer Erbauer und ihres Bestrebens, die sachliche Aufgabe nach bestem Vermögen zu erfüllen und leere Repräsentation zu vermeiden, auch diese Bauten in ihrem Erscheinungsbild die Zeit ihrer Entstehung spiegeln. Niemand kann sich aus seiner Zeit herausstehlen.

Karl Kraus hat nichts anderes als das Funktionieren der Stadttechnik verlangt. Nutzen wir die Angebote dieser Stadttechnik so, daß wir uns erlauben können, selber gemütlich zu sein.

Günther Kühne

PUMPWERK KREUZBERG, URBANSTRASSE (BERLIN VI)
Toranlage

Reinigungsklappe einer Kolbenpumpe

Doppelkolbenpumpe

Ölkannen auf dem Bedienungsgang eines Dieselmotors

Maschinenhalle

Doppelkolbenpumpe

Dieselmotor

Dieselmotor

PUMPWERK TIERGARTEN, GENTHINER STRASSE (BERLIN VI)

Dienstgebäude mit Zufahrtstor

Maschinenhalle und Beamtenwohnhaus

Maschinenhalle

Auf dem Hof des Pumpwerks

Maschinenhalle

Zylinderkopf eines Dieselmotors

Kurbelgehäuse eines Dieselmotors

Dieselmotor

Werkstatt

Maschinenhalle

PUMPWERK TIERGARTEN, ALT-MOABIT (BERLIN VIII)
Maschinenhalle

Mechanische Durchflußanzeige

Teilansicht der Maschinenhalle

Lagerschwinge einer Spannrolle für Flachriementrieb

Maschinenhalle

Typenschild eines Elektromotors

Maschinenhalle

Teilansicht der Doppelkolbenpumpen

Dieselmotor

Elektromotor

PUMPWERK NEUKÖLLN, WILDENBRUCHSTRASSE
Maschinenhallen 1926 und 1893

Maschinenhalle nach Westen

Maschinenhalle nach Osten

Blick in die Maschinenhalle

Schwungrad der Dieselkolbenpumpe

Dieselkraftstoff-Förderanlage

Werkstatt

Eingang zum Pumpwerk Wildenbruchstraße

PUMPWERK WILMERSDORF, HOHENZOLLERNDAMM
Westgiebel der Maschinenhalle

Beamtenwohnhaus

Maschinenhalle

Maschinenhalle

Teilansicht der Maschinenhalle

Windkessel mit Druckmanometer

Doppelkolbenpumpe

Teilansicht der Maschinenhalle

Pumpenschwungrad und Maschinenhalle

Fenster der Maschinenhalle

Maschinenhalle

Vacuum-Ansaugpumpe

Fassadenausschnitt am Ostgiebel

Fassadenausschnitt Nordseite

PUMPWERK LICHTENRADE, JOHN-LOCKE-STRASSE
Maschinenhalle

Eingang zur Maschinenhalle

Maschinenhalle

Fabrikschild der Kolbenpumpe 3

Hubzählwerk einer Kolbenpumpe

Reinigungsklappe einer Kolbenpumpe

Kolbenpumpe

Dieselmotor

Elektromotor

Säulenbohrmaschine in der Werkstatt

PUMPWERK BRITZ, SPÄTHSTRASSE
Maschinenhalle von der Späthstraße

Kolbenpumpe

Maschinenhalle nach Westen

Fassadenausschnitt

Fassadenausschnitt am Dachgiebel

Deckenkonstruktion der Maschinenhalle

Teilansicht der Maschinenhalle

Pegelmeßlatte

Windkessel

Werkstattausgang

Fenster, Stuck und Decke der Werkstatt

Tropföler an einer Kolbenpumpe

DIE TECHNISCHE ENTWICKLUNG DER PUMPWERKE

Das Projekt für die Kanalisation Berlins, das der Baurat James Hobrecht 1871 vorlegte, sah zwölf voneinander unabhängige Entwässerungsgebiete vor, von Hobrecht Radialsysteme genannt, deren Kanäle zu je einem Pumpwerk führen, von wo das Abwasser durch Druckrohrleitungen zu Rieselfeldern an der Peripherie der Stadt befördert werden sollte. Die Pumpwerke waren an den tiefsten Punkten der Entwässerungsgebiete und, sofern es sich einrichten ließ, nahe der Spree, dem Landwehrkanal oder einem anderen Gewässer vorgesehen, um dort Notauslässe bauen zu können. So war es möglich, das Abwasser schnell aus dem Wohnbereich zu entfernen und auf den Feldern der Umgebung landwirtschaftlich zu verwerten. Die technischen und wirtschaftlichen Vorzüge des Systems lagen in der Herstellung kleiner, nicht zu tief ins Grundwasser hinabreichender Kanäle und in der einfachen Möglichkeit zur Vergrößerung der gesamten Anlage. Das war auch attraktiv für die damaligen Vororte Berlins. Die meisten strebten nach einer Lösung ihrer Entwässerungsprobleme nach Berliner Vorbild, die wohlhabenderen mit eigenen Rieselfeldern, andere durch den Anschluß an die Druckrohrleitungen und Rieselfelder leistungsfähigerer Gemeinden oder durch den Zusammenschluß zu Entwässerungsverbänden.

Von den zwölf Pumpwerken des Hobrechtschen Radialsystems für Berlin befinden sich acht im heutigen Westteil der Stadt. Das sind die Radialsysteme I, II, III und VI in Kreuzberg, VII und VIII in Tiergarten sowie IX und X in Wedding. Die Pumpwerke der Systeme II und X wurden im Zweiten Weltkrieg völlig zerstört und danach neu aufgebaut. Das Pumpwerk Berlin IX wurde 1958 bis 1962 umgebaut, die anderen Pumpwerke des Radialsystems wurden seit den siebziger Jahren entweder durch Neubauten ersetzt oder durch Anschluß an ein anderes System überflüssig. Abgerissen wurden die alten Pumpwerke I und VI. Erhalten sind, unterschiedlich genutzt, die Pumpwerksgebäude der Radialsysteme III, VII und VIII.

Die Abwasserpumpwerke der früheren Berliner Vororte, die 1920 mit der Eingemeindung zur Berliner Stadtentwässerung kamen, haben ein ähnliches Schicksal erfahren. Sie wurden teilweise im Krieg beschädigt oder in der Nachkriegszeit umgebaut (wie das Pumpwerk Charlottenburg I), aufgegeben (wie das Pumpwerk Schöneberg) oder in späterer Zeit durch Neubauten ersetzt. Von den alten Pumpwerken sind in der äußeren Gestaltung fast unverändert in Betrieb das Wilmersdorfer und das Neuköllner Pumpwerk, erhalten die Pumpwerksgebäude in Britz und Lichtenrade.

Die Bauten einer Pumpstation, so die von Hobrecht verwendete Bezeichnung, bestanden aus dem Sandfang, dem Maschinen- und Kesselhaus, dem Beamtenwohnhaus, dem Remisengebäude. Wegen der verschiedenen Größe und Form der Grundstücke haben die Baulichkeiten unterschiedliche Anordnung erhalten.

Immer sind die Maschinenhäuser verhältnismäßig große Hallen, weil auf allen Pumpstationen nur liegende Maschinen aufgestellt wurden. Die hintereinander liegenden Dampfmaschinen und Pumpen nahmen große Flächen in Anspruch. Die Leistung des Pumpwerks wurde außerdem auf mehrere Maschinen verteilt, und es wurde auch die Möglichkeit der Erweiterung eingeplant. So entstanden große Maschinenräume, die, weil ein über alle Maschinen reichender Laufkran für Reparaturen benötigt wurde, auch eine respektable Höhe erhielten.

Das Beamtenwohnhaus, so beschreibt es Hobrecht, »dient zur Wohnung des Inspektors, des Maschinenmeisters, des Oberheizers und eines Maschinisten; die Anwesenheit dieser Beamten auf der Pumpstation und während der Nacht ist darum erforderlich, weil bei Eintritt vermehrten Wasserzuflusses, als Folge von Regen, mehr Maschinen in Betrieb gestellt werden müssen, und es dann nicht an den nöthigen Bedienungskräften fehlen darf«.

Hobrecht strebte für das Innere und Äußere der Dampfmaschinen- und Kesselgebäude eine bis zur Eleganz gesteigerte Sauberkeit an, die nach seiner Meinung den Maschinen zugute komme, sie gangbar erhalte und konserviere. »Wenn daher Oelfarbenanstrich, Fliesenbelag, Messing-Geländer, eine fast blendende Beleuchtung durch Gas-Arme und -Kronen in diesen Maschinengebäuden zu finden sind, so wolle man dies nicht als einen unnützen Luxus ansehen, sondern als ein unerläßliches Beförderungsmittel der Reinlichkeit. Diese aber wird schließlich reichlich die Kosten decken, welche eine opulentere Ausstattung verursacht hat.«

Es hat bei den Pumpwerken Umbau- und Erweiterungsphasen gegeben, die, abgesehen von der Beseitigung der Kriegszerstörungen nach 1945, deutlich mit dem Stand der maschinentechnischen Entwicklung zusammenhängen. So kam es vor dem Ersten Weltkrieg mehrfach zum Einbau von Elektrokreiselpumpen, die vor allem für die Bewältigung der Regenwasserspitzen vorgesehen waren.

Von den zwanziger Jahren an wurden die meisten Pumpwerke erweitert und von Dampf- auf Elektro- oder Dieselkolbenpumpen umgerüstet. Diese Entwicklung fand mit der Stillegung der letzten Dampfmaschine im Jahr 1976 ihren Abschluß.

Die Weiterentwicklung der Kreiselpumpen ermöglichte kleine kompakte Födereinheiten mit geringem Platzbedarf. Kesselhaus, Schornstein, Ansauganlagen, Rechenanlagen zum Abhalten der sperrigen Stoffe im Abwasser entfallen. Die neuen Pumpwerke werden automatisch betrieben. Der Personalaufwand ist deshalb gering. So erhalten die neuen Pumpwerke kompakte Baukörper, die den alten Pumpwerken in keiner Weise ähneln.

BILDKOMMENTARE

Die Nummern beziehen sich auf die Buchseiten.

Pumpwerk Kreuzberg, Urbanstraße (Berlin VI)

13–20

Das Pumpwerk an der Urbanstraße 177 in Kreuzberg gehörte im Entwässerungsentwurf Hobrechts zum Radialsystem VI und wurde zwischen 1883 und 1885 gebaut. Am 1. Oktober 1885 in Betrieb genommen, förderte es das Abwasser aus dem damaligen Stadtgebiet südlich des Landwehrkanals und östlich der Anhalter Eisenbahn zu den Rieselfeldern in Großbeeren und Ruhlsdorf. Das Pumpwerk Berlin VI lag auf einem Hinterhof nahe dem Landwehrkanal. Es arbeitete zunächst mit fünf Kolbenpumpen, die durch eine einfache und zwei Verbund-Dampfmaschinen angetrieben wurden. 1928 erhielt es zwei Elektro-Kreiselpumpen, 1934 zwei Diesel-Doppelkolbenpumpen und 1938 eine Elektro-Doppelkolbenpumpe. Diese Maschinen arbeiteten bis zur Stilllegung des Pumpwerks am 30. Juni 1981. Die Funktion dieses Pumpwerks wurde vom neuen Pumpwerk Gitschiner Straße übernommen. Das Pumpwerk Urbanstraße, ein einfacher Bau in fiskalischer Ziegelarchitektur, wurde abgerissen. An seinem früheren Standort entsteht ein Regenbecken im Mischsystem der Kanalisation, das den Landwehrkanal bei starken Regenfällen von Abwasser entlastet.

13

Der Zugang zum Pumpwerk Berlin VI erfolgte von der Urbanstraße aus durch eine Bebauungslücke zwischen den Brandmauern von zwei Mietshäusern. Die Toreinfahrt mit zwei gotischen Torbogen und historisierenden Elementen der Wehrarchitektur nimmt die Eingangssituation mittelalterlicher Stadttore auf und repräsentiert die gesamte Anlage nach außen hin. Das Tor, in Berlin nur den Toren zu den Industriekomplexen AEG und Borsig vergleichbar, ist erhalten geblieben.

15

Die Doppelkolbenpumpe wurde 1933 von Borsig hergestellt und 1934 in Betrieb genommen. Sie wurde von einem Dieselmotor angetrieben. Bei einer Drehzahl von 50 Umdrehungen in der Minute konnte sie 267 l/s fördern.

17

Die Maschinenhalle des Pumpwerks Urbanstraße war ein schlichter Klinkerbau. In die flache Kassettendecke mit sichtbarer Holzschalung, die mit einer Holzkehlung zur Wand überleitet, ist ein Ausschnitt für das sattelförmige Oberlicht eingelassen. Die Wandoberlichter nehmen die Gliederung der Decke auf. Die Kranbahnträger liegen auf offenen Stahlstützen vor der Wand.
Im Vordergrund ist eine zweistufige Doppelkreiselpumpe mit Elektromotor zu sehen, vorn links der dazu gehörende Anlasser. Der Elektromotor ist ein Fabrikat der Firma Bergmann aus dem Jahre 1927 mit einer Leistung von 250 kW. Die Kreiselpumpe ist ein Fabrikat der Firma Geue aus dem Jahr 1927. Bei einer Drehzahl von 735 Umdrehungen in der Minute konnte sie 250 l/s fördern. Pumpe und Motor wurden 1928 in Betrieb genommen. In der Bildmitte das rote Schwungrad der Doppelkolbenpumpe von Seite 15, links davon der Dieselmotor.

18

Zwischen den beiden Teilen der Doppelkolbenpumpe fällt der Blick auf die Abdeckung des Schwungrads. Unter den Windhauben der Pumpe liegen die kräftigen Druckleitungen.
Auch auf diesem Bild sind die Holzkehlung und ein Kranbahnträger gut zu erkennen.

19

Der Dieselmotor mit pneumatischer Anlaßart und Luntenzündung ist ein Fabrikat der Firma MWM und wurde 1934 hergestellt und in Betrieb genommen. Er hatte eine Leistung von 300 PS. Die Treppe führt zur Arbeitsbühne des Motors. Hinter der Abdeckung befindet sich das Schwungrad.
Im Hintergrund an der Wand sind Stahlstützen des Kranbahnträgers zu erkennen, die in halber Höhe verankert wurden.

20

Blick auf den Dieselmotor von Seite 19 in anderer Perspektive.

Pumpwerk Tiergarten, Genthiner Straße (Berlin VII)

21–30

Das Pumpwerk des Radialsystems VII liegt in Tiergarten, Genthiner Straße 10, wurde von 1881 bis 1885 erbaut und am 1. April 1885 in Betrieb genommen. Es nimmt das Abwasser aus dem heutigen Bezirk Tiergarten südlich des Landwehrkanals auf. Mit diesem Pumpwerk griff die Stadt Berlin bei der Entwässerung über das damalige Stadtgebiet hinaus. Der Norden Schönebergs bis zur Grunewaldstraße und der Osten Charlottenburgs bis Joachimsthaler Straße – Kurfürstendamm – Hardenbergstraße – Bahnhof Zoo sind an das Entwässerungssystem des Pumpwerks Genthiner Straße angeschlossen. Die damals selbständigen Gemeinden Schöneberg und Charlottenburg erhielten so zu Teilen ein Entwässerungsnetz lange bevor sie eine eigene Stadtentwässerung aufbauten. Das Abwasser wurde zu den südlichen Rieselfeldern Schenkendorf, Sputendorf, Gütergotz befördert. Auch das Pumpwerk Berlin VII lag auf einem Hinterhof in der Nähe des Landwehrkanals und war mit fünf Kolbenpumpen bestückt, die durch eine einfache und zwei Verbund-Dampfmaschinen angetrieben wurden. Nach Umbauten in den Jahren 1909 bis 1910 wurde das Pumpwerk zwischen 1926 und 1931 auf Elektro- und Dieselbetrieb umgestellt. Es erhielt eine Dieselkolbenpumpe, zwei Elektro-Doppelkolbenpumpen sowie eine Diesel-Doppelkolbenpumpe. Diese Maschinen waren bis zur Stillegung des Pumpwerks am 1. Juni 1982 im Einsatz. An seine Stelle ist ein neues automatisch arbeitendes Abwasserpumpwerk getreten. Die Pumpwerksgebäude, Nebengebäude und Wohnhaus bleiben erhalten und werden für eine andere Nutzung vorgesehen.

21

Frontansicht des ehemaligen Schul-Wohnhauses Baujahr 1884, über dessen Zufahrtstor das Pumpwerk Berlin VII zu erreichen war. Die Schule existiert nicht mehr. Auf einer Teilfläche des früheren Schulkomplexes steht das neue Pumpwerk Genthiner Straße. Das Wohnhaus an der Genthiner Straße wurde von den Berliner Entwässerungswerken 1978 übernommen und restauriert und dient jetzt als Dienstwohngebäude der Berliner Entwässerungswerke. Die Klinkerfassade ist reich verziert mit farbigen Steinen und Terrakotten, einem Schmuckfries unter dem Dach und speziellen Traufziegeln.

22

Die Maschinenhalle des Pumpwerks Genthiner Straße und das Beamtenwohnhaus sind im Gegensatz zu dem Gebäude an der Straßenfront in einfacher Klinkerbauweise errichtet. Weinranken und Bäume gaben dem Pumpwerkshof eine schöne Atmosphäre. Die Gebäude bleiben erhalten.

23

Der Blick in die Maschinenhalle des Pumpwerks zeigt im Vordergrund Fachwerkstützen und Kranbahn eines Laufkrans, der für alle Pumpwerke charakteristisch ist. Der Laufkran des Pumpwerks Berlin VII ist ein Fabrikat Bolzani aus dem Jahr 1927 mit einer Tragfähigkeit von 10 000 kg. Die einfache Kassettendecke ist durchbrochen für Oberlichter in Sattelform.
Im Vordergrund ist der Flachriementrieb mit Spannrolle und Schwungrad einer Doppelkolbenpumpe (Dingler 1931) zu sehen, links Ventilstößelstangen und Fliehkraftregler eines 6-Zylinder-Dieselmotors der Firma MWM aus dem Jahr 1930, der eine Leistung von 300 PS erbrachte.
Dahinter liegt ein weiterer Flachriementrieb mit Spannrolle und Schwungrad, der einen 4-Zylinder-Dieselmotor mit einer Kolbenpumpe, beide aus dem Jahr 1928, verband.
Im Hintergrund sind die Windhauben weiterer Doppelkolbenpumpen zu erkennen.

26

Zylinderkopf des 4-Zylinder-Dieselmotors, Fabrikat MWM, aus dem Jahr 1928, der ein Reihenmotor mit Luntenzündung ist. Der Motor hatte 250 PS und trieb eine Kolbenpumpe Wilhelmshütte von 1928 an.

27

Kurbelgehäuse des 4-Zylinder-Dieselmotors mit Öldruckmanometer und Anzeige für die Öltemperatur. Das Handrad links diente den Funktionen Anlassen, Betrieb und Abstellen. Rechts oben ist der Bedienungsgang zu erkennen. Links unten befindet sich die Handpumpe für die Ölvorschmierung, daneben in der Mitte des Bildes die Motorölpumpe.

28

6-Zylinder-Dieselmotor, Fabrikat MWM, aus dem Jahr 1930, der mit 300 PS eine Doppelkolbenpumpe antrieb. Es handelt sich um einen Reihenmotor mit Luntenzündung und pneumatischer Anlaßart. Links oben befindet sich der Tagesbehälter für Dieselkraftstoff.

29

Der Antrieb der Maschinen in der Werkstatt des Pumpwerks Berlin VII erfolgte über Transmission und Treibriemen. Im Vordergrund stehen Drehbänke, hinten eine Ständerbohrmaschine und eine Blechschere.

30

Die zwei Doppelkolbenpumpen hatten Elektroantrieb (Gleichstrommotor 220 kW). Die vordere stammt aus dem Jahr 1930 (Wilhelmshütte) und förderte bei 60 Umdrehungen in der Minute 334 l/s. Die hintere Pumpe war ein Fabrikat Freund, Baujahr 1928, und hatte bei 60 Umdrehungen je Minute einen Förderstrom von 292 l/s.

Pumpwerk Tiergarten, Alt-Moabit (Berlin VIII)

31 – 40

Das Radialsystem VIII hat sein Pumpwerk in Alt-Moabit 67–70. Es wurde 1889 bis 1890 gebaut und am 1. September 1890 in Betrieb genommen. Dieses Radialsystem umfaßt den Stadtteil Moabit und bildet eine Insel nördlich der Spree zwischen Spandauer Schiffahrtskanal, Westhafenkanal und Charlottenburger Verbindungskanal. Es förderte das Abwasser zu den Rieselfeldern in Blankenfelde, später auch nach Buch. Das Pumpwerk VIII ist nicht auf einem Hinterhof versteckt, sondern liegt exponiert an einer verkehrsreichen Straßenkreuzung. Es war zunächst mit drei Doppelkolbenpumpen ausgerüstet, die von drei Verbund-Dampfmaschinen angetrieben wurden. 1912 bis 1913 erhielt das Pumpwerk drei Elektro-Kreiselpumpen für den Einsatz bei Regenwetter. 1929 wurde nach einem Umbau des Maschinen- und Kesselhauses die Anlage von Dampf- auf Diesel- und Elektroantrieb umgestellt.
Das Pumpwerk erhielt zwei Doppelkolbenpumpen Wilhelmshütte mit Bergmann-Elektroantrieb und eine Doppelkolbenpumpe Wilhelmshütte mit Dieselmotorantrieb (MWM). Die Fördereinrichtungen aus den Jahren 1913 und 1928 / 29 sind teilweise bis zur Stillegung des alten Pumpwerks 1987 in Betrieb. Zwei Kreiselpumpen waren 1977 und 1982 zur Sicherung des Förderbetriebs neu eingebaut worden. Nachdem das Beamtenwohnhaus schon einer Verbreiterung der Gotzkowskystraße weichen mußte und auf dem Standort des früheren Kanalbetriebsgebäudes das neue Pumpwerk Tiergarten Alt-Moabit entstanden ist, bleibt die Maschinenhalle der alten Pumpstation VIII für eine neue Nutzung erhalten.

31

Die Pumpstation VIII des Radialsystems bildet zusammen mit anderen öffentlichen Gebäuden ein Ensemble in fast schmuckloser Ziegelarchitektur, deren Wert in der Solidität, Nüchternheit und Schönheit dieses Funktionsbaus liegt.

32

Das abgebildete mechanische Anzeigegerät überträgt die Stellung der Rückschlagklappe in der Druckrohrleitung, die mit dem Förderstrom korreliert, über einen Seilzug proportional auf eine Skala (Mechanische Durchflußanzeige System Eichholz / Fuess).

35

Die Maschinenhalle des Pumpwerks Berlin VIII ist ein Klinkerbau, durch Umbauten gegenüber dem früheren Bauzustand bereits verändert, mit einem Satteldach, das in der Mitte zwischen drei Binderfeldern als Glasoberlicht ausgebildet ist. Die Dachbinder aus Spannstählen, die unmittelbar über der Kranbahn ansetzen, bilden eine leicht wirkende Stahlkonstruktion. Die Decke ist zur Entlüftung doppelschalig angelegt, die Entlüftungsschlitze sind als Ornament verwendet.
Der Fachwerkkran läuft auf einer offen liegenden Kranbahn aus Stahlträgern.
In der Maschinenhalle sind drei Doppelkolbenpumpen aufgestellt mit Schwungrädern und Flachriementrieb, der bei den beiden vorderen Pumpen zu einem Elektromotor, bei der hinteren Pumpe zu dem rechts sichtbaren Dieselmotor führt.

37

Zweistufige Doppelkreiselpumpe mit Elektromotor. Die Doppelkreiselpumpe ist ein Fabrikat Cyclop aus dem Jahr 1913 und kann 200 l/s fördern. Der Elektromotor ist ein Schleifringläufer des Fabrikats SSW, Baujahr ebenfalls 1913. Die Leistung dieses Motors beträgt 170 kW. Diese Doppelkreiselpumpe mit Elektromotor wird nach der Stillegung des alten Pumpwerks 1987 für das Museum für Verkehr und Technik Berlin erhalten.
Im Vordergrund ist die mechanische Durchflußanzeige (Seite 32) zu sehen, daneben drei Druckanzeigegeräte, im Hintergrund eine der elektrisch getriebenen Doppelkolbenpumpen. Diese Pumpe ist ein Fabrikat Wilhelmshütte aus dem Jahr 1929 und hat einen Förderstrom von 350 l/s.

38

Die liegenden Teile der Doppelkolbenpumpen sind Gehäuse der Stopfbuchsen zur Abdichtung der Kolbenstangen (rechts) und Gehäuse der Gleitbahn des Kreuzkopfes, auf denen Tropföler stehen (links).

39

Kurbelwanne des dreizylindrigen Dieselmotors MWM, Baujahr 1929. Der Dieselmotor mit pneumatischer Anlaßart hat eine Leistung von 375 PS. Über der Kurbelwanne sind die drei Ständer der darüber liegenden Zylinder aufgereiht, an denen Bosch-Öler für die Zentralschmierung zu erkennen sind.

40

Das Leonard-Aggregat der Firma Bergmann aus dem Jahr 1929 mit einer Leistung von 400 kW treibt eine Doppelkolbenpumpe (Seite 37) an. Hinter der Schutzvorrichtung liegt der Gleichstromgenerator, der den Strom für den Antriebsmotor der Pumpe liefert.

Pumpwerk Neukölln, Wildenbruchstraße

41 – 48

Von 1891 an wurde auch die Stadt Rixdorf, das spätere Neukölln, kanalisiert. Die Leitung der Arbeiten übernahm Regierungsbaumeister Weigand, der von Hobrecht für diesen Zweck empfohlen war. In den Grundzügen gleicht die Rixdorfer Kanalisation dem Berliner Muster. Das Pumpwerk in der Wildenbruchstraße wurde 1892 bis 1893 gebaut und am 20. Dezember 1893 in Betrieb genommen. Rixdorf wurde wie Berlin nach dem Mischsystem kanalisiert, das Pumpwerk lag in unmittelbarer Nähe des Wiesengrabens, der seit jeher das Regenwasser aus diesem Gebiet aufnahm und nun als Vorfluter für die Notauslässe der Kanalisation diente. Der Wiesengraben wurde nach 1902 in Etappen zum Neuköllner Schiffahrtskanal ausgebaut. Das Rixdorfer Rieselfeld wurde auf dem Rittergut Waßmannsdorf angelegt, wo heute ein Klärwerk arbeitet. 1905 wurden weitere Rieselfelder auf dem Gut Boddinsfelde, 25 km weit von Neukölln entfernt, eingerichtet.
Das Pumpwerk Neukölln, Wildenbruchstraße 79 / 80, war ursprünglich für reinen Dampfbetrieb eingerichtet und wurde 1912 /13 auf Dieselbetrieb umgestellt. Die Borsig-Doppelkolbenpumpen von 1893 erhielten MAN-Dieselantrieb.
Nach der Eingemeindung Neuköllns wurde das Pumpwerk Neukölln am 13. Dezember 1921 in die zentrale Verwaltung der Berliner Stadtentwässerung übernommen. 1925 bis 1928 wurden weitere Umbauten vorgenommen, 1926 die Maschinenhalle erweitert. Im neuen Gebäudeteil wurde eine große Borsig-Doppelkolbenpumpe mit Dieselantrieb aufgestellt. Zwei Doppelkolbenpumpen aus dem Jahr 1923 (Borsig) erhielten 1943 und 1944 Elektroantrieb (SSW und Sachsenwerk). Die zwei verbliebenen Doppelkolbenpumpen von 1893 wurden 1965 und 1972 durch Elektro- und Dieselkreiselpumpen ersetzt.
Der Neubau eines Pumpwerks auf dem Pumpwerksgelände ist geplant. Das alte Pumpwerk wird dann stillgelegt. Die Gebäude sollen erhalten bleiben.

41

Die Maschinenhalle des Pumpwerks Neukölln von der Schandauer Straße. Im Vordergrund die Maschinenhallenerweiterung von 1926, deren Klinkerfassade durch den Wechsel von gebäudehohen Pfeilern und Fenstern gegliedert ist und mit dieser expressionistischen Vertikalgliederung die zeitgleiche Ziegelarchitektur anderer Industrie- und Versorgungsbetriebe aufnimmt. Dahinter die ursprüngliche Halle Baujahr 1892 / 93 und die Rückseite des Wohnhauses Wildenbruchstraße 79 / 80, das 1912 / 13 entstanden ist.

42

Der Blick vom Pumpwerkseingang in den alten Teil der Maschinenhalle zeigt vier Satteldach-Oberlichter, dahinter das offene Satteldach der Halle mit einer leichten Stahlfachwerk-Binderkonstruktion. Im Hintergrund ist durch die geöffnete Rückseite der Halle der Anbau von 1926 zu erkennen. Die Kranbahnträger liegen auf gemauerten Halbpfeilern oder in den Wänden verankerten Stahlstützen. Die einfachen Verzierungen der Fenster geben dem kargen Raum etwas Leichtes.
In der Halle stehen zwei Doppelkolbenpumpen. Die vordere ist ein Fabrikat Borsig aus dem Jahr 1923 mit einem Förderstrom von 227 l/s bei 62 Umdrehungen in der Minute. Sie wird angetrieben durch einen nicht regelbaren Hochspannungselektromotor Sachsenwerk aus dem Jahr 1944 mit 200 kW. Der Motor ist verdeckt, die Kraftübertragung erfolgt über einen Flachriementrieb mit Spannrolle. Rechts im Bild steht ein Windkessel mit Druckmanometer, Wasserstandsanzeige und Reinigungsöffnung. Windkessel haben die Funktion, Druckstöße in der Druckrohrleitung zu mindern. Im Hintergrund ist an der Giebelwand ein großes Rundinstrument zu erkennen, das den Druck der Abwasser-Druckrohrleitungen anzeigt.

43

Der alte Teil der Maschinenhalle vom Erweiterungsbau her gesehen. Im Hintergrund die vier Satteldachoberlichter, davor das Satteldach, dessen Fachwerkbinder zu erkennen sind. Im Übergang der ungleich hohen Hallenteile ist im flachen Bogen ein Oberlicht eingelassen. In der Halle zwei Doppelkolbenpumpen Borsig 1923 mit ihren Schwungrädern.

44

Blick durch die Eingangstür in die Maschinenhalle. Hinten die hohen Fenster des Anbaus von 1926.

45

Das Schwungrad der Diesel-Doppelkolbenpumpe Borsig 1926, die im Erweiterungsbau von 1926 steht, gibt den Blick auf eine alte Wanduhr frei.

46

Anlage zur Förderung von Dieselkraftstoff aus dem Vorratstank in den Tagesbehälter. Links der Kraftstoffilter, in der Mitte die Handpumpe, darüber und darunter Dreiwegeventile, rechts die Kraftstoff-Motorpumpe.

47

Alte Schmiedeesse mit Zangen in der Werkstatt.

48

Eingang zum »Städtischen Pumpwerk Neukölln« von der Wildenbruchstraße aus.

Pumpwerk Wilmersdorf, Hohenzollerndamm

49–60

Die natürliche Entwässerung von Deutsch-Wilmersdorf erfolgte über den Schwarzen Graben, der auch das Abwasser von Schöneberg und Friedenau aufnahm und in Charlottenburg in die Spree mündete. Als Charlottenburg den Graben durch einen unterirdischen Kanal ersetzte, kam es 1888 zu einem Vertrag zwischen den beiden Gemeinden, der es Wilmersdorf erlaubte, bis 1905 über den Schwarzen Graben die Charlottenburger Entwässerungsanlagen zu belasten, die das Abwasser zum Rieselfeld Carolinenhöhe brachten. Ein gemeinsames Entwässerungsprojekt der Gemeinden Schöneberg, Wilmersdorf und Friedenau, das 1901 ausgearbeitet vorlag, kam nicht zum Zuge, so daß Wilmersdorf von 1902 an ein selbständiges Kanalisationsprojekt verfolgte. Die bereits vorhandenen Kanäle, vor allem in den nördlichen Ortsgebieten, waren nach dem Mischsystem angelegt, später wurde Trennkanalisation gebaut. Für den Bau einer Kläranlage in Stahnsdorf und der Druckrohrleitungen dorthin bildeten die Gemeinden Wilmersdorf, Schmargendorf, Zehlendorf und Teltow auf Anregung des Königl. Landratsamts des Kreises Teltow im März 1905 einen Kanalisationsverband. Mit dem Bau des Pumpwerks Wilmersdorf wurde im Sommer 1903 begonnen, im Juni 1906 begann der Probebetrieb, am 1. September 1906 wurde das Pumpwerk Wilmersdorf in Betrieb genommen.
Die Maschinenausstattung des Pumpwerks Wilmersdorf war für den Stand der Technik von 1906 als sehr fortschrittlich anzusehen. Die vier Kolbenpumpen, geliefert von Borsig, wurden nicht, wie sonst üblich, durch Dampfmaschinen, sondern durch Gas-Zweitaktmotoren angetrieben. Das Kraftgas wurde in vier Generatoren auf dem Gelände des Pumpwerks aus Gaskoks hergestellt. Als zweite Antriebsenergie konnte alternativ auch Leuchtgas aus dem öffentlichen Gasnetz eingesetzt werden. Gasmaschinen und Generatoranlage wurden von der Gebr. Körting AG in Hannover geliefert. Die Maschinenhalle war in der Größe bereits für sechs Maschinen geplant.
1924 bis 1928 wurde das Pumpwerk umgebaut und von Gas- auf Elektro-und Dieselantrieb umgestellt. Zwei der Borsig-Pumpen blieben erhalten und wurden mit zweizylindrigen Dieselmotoren bestückt. Zwei neue Kolbenpumpen von Freund & Co. erhielten Elektro-bzw. Dieselantrieb. Dazu kam eine Doppelkolbenpumpe von Borsig mit Elektroantrieb. 1930 wurde die Maschinenausstattung durch eine senkrecht stehende Kreiselpumpe mit elektrischem Antrieb ergänzt.
1943 wurde das Pumpwerk durch Bomben stark beschädigt und 1947 bis 1949 wieder aufgebaut.
1957 wurde das Pumpwerk Schöneberg stillgelegt und dessen Einzugsgebiet dem Pumpwerk Wilmersdorf angeschlossen. Durch den erhöhten Abwasseranfall waren in den Jahren 1956/57 Umbauten notwendig, die eine Erhöhung der Maschinenleistung erbrachten. Geblieben sind zwei alte Borsig-Kolbenpumpen von 1928, die neue Elektromotoren erhielten. Vier Kreiselpumpen verschiedener Leistungsstärke arbeiten mit Elektromotoren, zwei weitere mit Dieselmotoren. Außerdem ist ein Notstrom-Dieselaggregat vorhanden.
Seit 1970 werden die angeschlossenen Abwasserpumpwerke vom Pumpwerk Wilmersdorf aus überwacht und gesteuert.
Für die neunziger Jahre ist ein Neubau des Pumpwerks Wilmersdorf unmittelbar neben der alten Maschinenhalle geplant. Das alte Pumpwerk bleibt erhalten und soll restauriert und als Museum der Berliner Entwässerungswerke eingerichtet werden.

49

Die Maschinenhalle des Pumpwerks Wilmersdorf erinnert durch die Backsteinausführung im Wechsel mit weißen Putzfeldern und durch zahlreiche Ziegelornamente, die trotz der Vereinfachungen beim Wiederaufbau nach dem Kriege erhalten geblieben sind, an eine Hallenkirche. Das Ensemble der Maschinenhalle und der Nebengebäude, das durch Zerstörungen und Umbauten stark verändert wurde, hat seine architektonische Entsprechung in der industriellen Ziegelarchitektur der neunziger Jahre des vorigen Jahrhunderts. Das Pumpwerk lag ursprünglich versteckt auf einem Hofgelände. Durch Kriegszerstörungen und Abriß der vorgelagerten Wohnhäuser hat das Pumpwerk jetzt eine Schauseite zum Hohenzollerndamm.

50

Das Beamtenwohnhaus ist im Baustil der Maschinenhalle angeglichen. Anklänge an norddeutsche Speicherhäuser sind zu entdecken. Wiederaufbau und Umbau sind teilweise mißglückt.

51

Blick zum Westgiebel der Maschinenhalle. Die Hallenwände sind durch zweifarbige Klinkerriemchen mit zahlreichen Verzierungen gestaltet. Besonders schöne Formen haben die teilweise im Original erhalten gebliebenen Stahlfenster. Hinter der beim Wiederaufbau abgehängten Decke befindet sich noch immer die Stahlbinderkonstruktion des Dachs, deren untere Form an den Knicken der abgehängten Decke erkennbar wird. Die Giebel waren ursprünglich mit allegorischen Reliefs verziert. Die beiden Kranbahnträger aus Stahl sind optimal in die Innenarchitektur der Halle einbezogen. Sie liegen auf kapitellartig gestalteten Stützenköpfen, die optisch nach oben verlängert und mit einem Fries verbunden sind.
Im Vordergrund rechts ein AEG-Elektromotor und die Pumpenverkleidung einer Dreikanalrad-Kreiselpumpe Amag Hilpert von 1955. Die Pumpe leistet 500 l/s. Links neben dem Elektroschaltschrank sind Teile des BBC-Elektromotors einer Einkanalrad-Kreiselpumpe zu sehen. Dahinter eine Doppelkolbenpumpe von Borsig aus dem Jahr 1928 mit einem Förderstrom von 380 l/s bei 60 Umdrehungen in der Minute. Sie wird über Flachriemen und Schwungrad durch einen Elektromotor (Reihenschlußläufer-Motor der Siemens-Schuckert-Werke aus dem Jahr 1957) angetrieben.

52

Doppelkolbenpumpe Wilhelmshütte 1928 mit einem Förderstrom von 470 l/s bei einer maximalen Drehzahl von 60 Umdrehungen in der Minute.
Rechts ein Zweitakt-Dieselmotor Deutz aus dem Jahr 1957 mit 12 Zylindern und einer Nennleistung von 600 PS. Zu erkennen sind die Ansaugluftfilter und das Winkelgetriebe für eine Kreiselpumpe Amag Hilpert 1956 mit einer Förderleistung von 600 l/s.
Im Vordergrund Druckrohrschieberlaternen mit elektrischem Stellantrieb.

54

Windkessel zur Minderung der Druckstöße in der Druckrohrleitung. Der Windkessel gehörte zur Erstausstattung des Pumpwerks. Das Anzeigegerät ist ein Druckmanometer.

55

Doppelkolbenpumpe mit Elektroantrieb (siehe Seite 52). Das Schwungrad hat einen Durchmesser von 5 m.

57

Pumpenschwungrad mit Schutzverkleidung für das Kurbelzapfenlager. Unten: Tropföler für das Zapfenlager.

59

»Was soll ich mit dem Zeuge machen / Dem Wasser ohne Saft und Kraft./ Gemacht für Kröten Molche Drachen,/ Von unsrer guten Bürgerschaft?«

Pumpwerk Lichtenrade, John-Locke-Straße

63–72

Die Gemeinde Lichtenrade gehörte vor der Eingemeindung nach Berlin zum Landkreis Teltow. Deshalb ist es heute schwierig, die entwässerungstechnischen Anfänge zu belegen. Lichtenrade entwässerte zunächst durch offene Vorflutgräben in den Mahlower Seegraben und in die Nuthe. Nach der Eingemeindung wurde die Kanalisation für Lichtenrade von der zentralen Stadtentwässerung Berlins entworfen und ausgeführt und 1921 ein erstes kleines Pumpwerk gebaut, das an der Stelle des jetzigen Wohnhauses stand. Am 23. April 1922 ging die Anlage in Betrieb. Das Pumpwerk war an das Druckrohr von Steglitz angeschlossen, das zum Rieselfeld Klein-Ziethen führte. Das erste Pumpwerk wurde stillgelegt, nachdem in den Jahren 1928 / 29 auf dem Platz eines früheren Notbeckens ein neues Pumpwerk entstanden war, das 1929 in Betrieb ging. Dort wurden drei Kolbenpumpen aufgestellt, die aus den Jahren 1906 (zwei Cyclop-Pumpen) und 1913 (Freund & Co) stammten, jedoch neue Antriebsmaschinen erhielten. Die beiden Cyclop-Pumpen wurden mit Elektromotoren des Fabrikats SSW 1929 bestückt, die Freund-Pumpe mit einem Deutz-Dieselmotor aus dem Jahr 1934.
Das Lichtenrader Abwasser wurde zum Rieselfeld, später Klärwerk Waßmannsdorf gepumpt, nach 1974 auch zum Klärwerk Marienfelde.
In den Jahren 1976 bis 1979 wurde neben dem alten Pumpwerk Lichtenrade ein neues Pumpwerk gebaut, das seit dem 3. Dezember 1979 arbeitet. Das alte Pumpwerk wurde 1980 stillgelegt, bleibt jedoch als Gebäude für eine andere Nutzung erhalten.

63

Das Pumpwerk Lichtenrade steht in der Tradition der Industriearchitektur. Gemauerte Pfeiler und einfache Stahl-Glas-Fenster gliedern die Fassadenflächen unter dem Walmdach. Das Pumpwerksgebäude ist ein Zeitdokument für den öffentlichen Hochbau in der Weimarer Republik.

65

Der Wechsel von Mauerpfeilern und hohen Fenstern überträgt das Erscheinungsbild der Fassade des Pumpwerks auch auf den Innenraum der Maschinenhalle. Die Regelmäßigkeit der Pfeiler wird in der Kassettendecke aufgenommen und erscheint dort als quadratisches Raster. Die Kranbahnträger liegen auf den Kapitellen von Halbpfeilern, die vor jeden zweiten Mauerpfeiler gesetzt sind.
Auf dem Bild sind die beiden Elektro-Kolbenpumpen Cyclop aus dem Jahr 1906 zu sehen.

66

Fabrikschild an der Windhaube der Dieselmotor-Kolbenpumpe Freund, Jahrgang 1913.

69

Kolbenpumpe Cyclop 1906, die bei 60 Umdrehungen in der Minute eine Förderleistung von 30 l/s hat. Links im Bild die Kreuzgleitbahn der Maschine, rechts die abgehende Druckrohrleitung. Zwischen den beiden Windhauben das Sicherheitsventil.

70

3-Zylinder-Dieselmotor Deutz aus dem Jahr 1934 mit einer Leistung von 60 PS. Der Hebel im Vordergrund dient der Drehzahlverstellung. Der Motor treibt über einen Flachriemen mit Spannrolle eine Kolbenpumpe aus dem Jahr 1913, Fabrikat Freund, an, die bei einer Drehzahl von 62 Umdrehungen je Minute 55 l/s fördert. Rechts neben der Kolbenpumpe ist ein federbelastetes Sicherheitsventil zu erkennen.
Die Kolbenpumpe befindet sich jetzt in der Sammlung Schüler im Museum für Verkehr und Technik Berlin.

71

Drehstrommotoren mit Anlassern der Siemens-Schuckert-Werke aus dem Jahr 1929. Die Motoren bringen eine Leistung von je 30 kW und treiben die Cyclop-Kolbenpumpen an. Im Hintergrund ragt ein Doppel-T-Träger für eine handbetriebene Laufkatze mit 1,5 t Tragfähigkeit in die Maschinenhalle. Damit konnten Maschinenteile über den Flur in die Werkstatt gebracht werden.

72

Säulenbohrmaschine der Firma Wilhelm Eisenführ Berlin. Die Bohrmaschine wurde über einen Elektromotor mit Flachriemen angetrieben.
Die Werkstatt des Pumpwerks Lichtenrade befindet sich jetzt in der Sammlung Schüler im Museum für Verkehr und Technik Berlin.

Pumpwerk Britz, Späthstraße

73–84

Britz, damals eine Gemeinde des Landkreises Teltow, entschloß sich zur Anlage einer eigenen Kanalisation, als die Stadt Schöneberg ihre Abwasserdruckrohrleitung zum Rieselfeld Deutsch-Wusterhausen über Britzer Gebiet legen wollte. Schöneberg mußte sich die Konzession mit der Aufnahme des Britzer Abwassers in das Druckrohr nach Deutsch-Wusterhausen erkaufen. Parallel zu den Schöneberger Kanalisationsaktivitäten wurde in Britz in den Jahren 1904 und 1905 ein Entwurf des Gemeindebaurats Kleemann aus Steglitz nach dem Mischsystem ausgeführt und die Kanalisation samt Pumpwerk im Oktober 1905 in Betrieb genommen. 1909 wurde das Entwässerungsprojekt nach dem Trennsystem umgearbeitet. Das Pumpwerk liegt in der Nähe des Teltowkanals und wurde zunächst mit zwei Dampfkolbenpumpen betrieben. Nach der Eingemeindung wurde die Britzer Anlage im April 1921 in die zentrale Verwaltung der Berliner Stadtentwässerung übernommen. In der Folgezeit wurde das Abwasser aus Britz über die Schöneberger und Neuköllner Druckrohrleitung zum Rieselfeld, später Klärwerk Waßmannsdorf gepumpt. 1926/27 wurde eine dritte, und zwar gebrauchte, Dampfkolbenpumpe aufgestellt. Danach, 1929/30, wurde eine der alten Dampfkolbenpumpen ausgebaut und durch eine Elektrokolbenpumpe ersetzt. Damit begann die Umstellung des Pumpwerks Britz von Dampf- auf Elektrobetrieb. Die beiden verbliebenen Dampfkolbenpumpen wurden 1936 bis 1938 durch eine Elektrokolbenpumpe und eine Elektrokreiselpumpe abgelöst. In den sechziger Jahren wurde erneut umgerüstet. 1963 nahm eine Kreiselpumpe mit Diesel- und Elektroantrieb ihren Dienst auf, 1966 wurde die Elektrokolbenpumpe von 1929 durch zwei Elektrokreiselpumpen ersetzt. Als das Pumpwerk am 14. Juli 1981 stillgelegt wurde, waren eine Elektrokolbenpumpe (1937), eine DieselElektro-Kreiselpumpe (1960/61) und zwei Elektrokreiselpumpen (1966) in Betrieb. Das Pumpwerk ist durch ein neues automatisches Pumpwerk ersetzt worden. Die Gebäude des alten Pumpwerks Britz bleiben erhalten.

73

Das Pumpwerk Britz ist ein Backsteinbau, für dessen Gestaltung zahlreiche Elemente der Architektur von Sakralbauten verwendet wurden: Rundfenster und Rosettenverzierungen, Strebepfeiler und weiße Putzfelder in der Ziegelfassade geben der Halle mit dem tief heruntergezogenen Satteldach einen starken Anklang an märkische Kirchen. Trotz der traditionellen Bezüge spiegelt das Gebäude den Stand der zeitgenössischen modernen Architektur wider. Das Eingangstor mit den besonders schön geformten Firstziegeln ist durch die Berliner Entwässerungswerke restauriert worden.

74

Kolbenpumpe Siemag aus dem Jahr 1937, die bei 50 Umdrehungen in der Minute eine maximale Förderleistung von 157 l/s hatte. Die Pumpe wurde durch einen Elektromotor AEG von 1937 mit 130 kW angetrieben. Vor dem Schwungrad ist die Gleitbahnführung für den Kreuzkopf mit drei Tropfölern zu sehen, rechts daneben, metallisch glänzend, die Kolbenstange. Rechts eine der beiden Windhauben mit den Reinigungsöffnungen für die Ventile.

75

Maschinenraumflur zur Westgiebelseite mit einem der großen Rundfenster. Die offene Stahlfachwerkbinderkonstruktion des Satteldachs ist deutlich zu erkennen. Im Maschinenraum die Kolbenpumpe mit Elektromotor und Schwungrad (Seite 74). Im Vordergrund der elektrische Stellantrieb eines Maschinendruckrohrschiebers. Rechts vor dem Fenster ein Kranbahnträger.

78

Blick aus dem Tiefgeschoß des Pumpwerks zur Hallendecke. Die Stahlfachwerkbinder bestehen aus genieteten T-Profilen. Die darauf liegende Holzkonstruktion des Dachs ist sparsam verziert. In der Bildmitte zwei 40-cm-Druckrohrleitungen, rechts mit einer Rückschlagklappe. Vor dem Schutzgeländer eine Pumpenentlüftungsleitung. Unter dem Dach ist der Zweiträger-Handlaufkran im Bild mit Laufkatze, Kettenkasten und Lastkette. Der Kran ist ein Fabrikat Piechatzek aus dem Jahr 1934 mit einer Tragfähigkeit von 10 t.

79

Druckrohrleitung mit Rückschlagklappen und elektrisch angetriebenem Keilovalschieber.

80

Pegelmeßlatte. Von einem Schwimmer im Sandfang wurde der Pegelstand auf die Skala der Meßlatte mechanisch übertragen.

81

Windkessel mit Druckmanometer und Reinigungsöffnung (Mannloch). Links daneben ein Pegelgerüst und ein Kompressor zur Pegelmessung im Sandfang. Die Farbgebung der Fliesen an der Wand steht in erstaunlichem Kontrast zur nüchternen Technik davor.

Günther Rudolf

LITERATURAUSWAHL

Die Canalisation von Berlin. Im Auftrag des Magistrats der Königl. Haupt- und Residenzstadt Berlin entworfen und ausgeführt von James Hobrecht. Nebst einem Atlas in Gross-Folio mit 57 Tafeln
Berlin: Verlag von Ernst & Korn 1884

Ingenieurwerke in und bei Berlin. Festschrift zum fünfzigjährigen Bestehen des Vereines Deutscher Ingenieure. Gewidmet vom Berliner Bezirksverein Deutscher Ingenieure
Berlin 1906

Fünfzig Jahre Berliner Stadtentwässerung 1878–1928. Im Auftrage des Magistrats herausgegeben von Stadtbaurat Hermann Hahn, Vorsitzender der städtischen Tiefbaudeputation und Magistrats-Oberbaurat Fritz Langbein, Direktor der Stadtentwässerung
Berlin: Verlag von Alfred Metzner 1928

100 Jahre Berliner Entwässerungswerke. BEW 1878–1978
Berlin 1978